低碳城市：
建成环境与生活能耗

Low-Carbon City：
Urban Built Environment
and Residents' Energy
Consumption

吴巍　著

U0291512

江苏凤凰科学技术出版社·南京

图书在版编目（CIP）数据

低碳城市：建成环境与生活能耗 / 吴巍著 . — 南京：江苏凤凰科学技术出版社，2023.4
ISBN 978-7-5713-3486-4

Ⅰ．①低… Ⅱ．①吴… Ⅲ．①节能－生态城市－城市建设－研究－中国 Ⅳ．①X321.2

中国国家版本馆 CIP 数据核字 (2023) 第 054469 号

低碳城市：建成环境与生活能耗

著　　　者	吴　巍
项 目 策 划	凤凰空间 / 杜玉华
责 任 编 辑	赵　研　刘屹立
特 邀 编 辑	杜玉华

出 版 发 行	江苏凤凰科学技术出版社
出版社地址	南京市湖南路 1 号 A 楼，邮编：210009
出版社网址	http://www.pspress.cn
总 经 销	天津凤凰空间文化传媒有限公司
总经销网址	http://www.ifengspace.cn
印　　　刷	河北京平诚乾印刷有限公司

开　　　本	710 mm×1000 mm　1／16
印　　　张	14.25
字　　　数	300000
版　　　次	2023 年 4 月第 1 版
印　　　次	2023 年 4 月第 1 次印刷

标 准 书 号	ISBN 978-7-5713-3486-4
定　　　价	88.00 元

图书如有印装质量问题，可随时向销售部调换（电话：022-87893668）。

前言

为了应对全球气候变化和能源消耗加剧的现状，我国在2020年9月提出了"双碳"目标，即力争在2030年前实现碳达峰，2060年前实现碳中和。该目标所倡导的绿色、环保、低碳的生活方式，与当前城市发展的核心目标——从空间扩张转向居民生活质量的提升相一致。

城市是现代人类生活的重要载体，城市建成环境与居民生活能耗有着紧密的联系。此外，建成环境一旦形成就很难改变，其对生活能耗的影响具有锁定效应。因此，发挥建成环境在降低居民生活能耗方面的潜在作用，成为实现"双碳"目标的重要组成部分。要使建成环境有利于降低居民生活能耗，关键是要全面了解建成环境与生活能耗之间的关系，准确把握建成环境各要素对生活能耗的影响及其规律特征，并有针对性地提出控制生活能耗导向下的建成环境规划引导措施，这对于构建低碳城市具有重要意义。

本书基于时间地理学理论，搭建了建成环境对生活能耗影响的理论架构。基于计量经济学理论，构建了包含城市建成环境、家庭社会经济特征、居民个人生活方式和节能态度变量在内的生活能耗分析模型。以宁波市为例，选取了研究所需的社区、住宅和交通出行样本，依托入户调研获取的数据，从多个维度系统分析了建成环境与生活能耗的关系。基于城市生态学理论，结合量化分析结果，提出了有利于降低生活能耗的建成环境规划引导措施，经过由量化分析向规划响应的推导，实现量化结果的规划应用。

本书共分6章：第1章为绪论，介绍了该研究的背景与意义、研究的理论基础和文献综述；第2章从理论架构与思路框架、模型构建、样本选取、数据获取等方面进行了研究设计；第3章基于研究设计从总体住宅、不同类型住宅和不同时期建成住宅等方面，解析了建成环境对住宅能耗的影响；第4章基于研究设计从交通总出行、不同出行目的和不同出行方式等方面，解析了建成环境对交通出行能耗的影响；第5章从住宅建筑规划布局、土地混合利用、道路设计三方面，提出了控制生活能耗导向下的建成环境规划引导措施；第6章总结前面各章得出结论。

吴巍

目录

第 3 章　建成环境对住宅能耗的影响研究 …………………… 072

LOW-CARBON CITY

第1章　绪论

1.1　研究背景与意义

1.1.1　研究背景

　　要探讨城市建成环境与居民生活能耗的关系，就必须清楚地把握城镇化高速发展背景下社会能源消耗的变化趋势，并具有研究建成环境与生活能耗关系的恰当分析视角，从全局角度审视并引出核心研究问题。

　　过去的 70 年，全球经历了高速的城镇化发展，联合国人口组织公布的人口分布数据显示，截至 2014 年，全球范围内大约有 54% 的人口居住在城市地区，该比例预计到 2050 年将增至 66%[1]。与发展中国家相比，发达国家早在 20 世纪 50 年代就已经实现了 60% 以上的城镇化率。近些年来，中国的城镇化率增幅惊人，《中国统计年鉴 – 2016》的数据显示，2005 年我国的城镇化率为 42.99%，至 2015 年，我国的城镇化率已增长到 56.10%，十年间每年增长约 2.7%[2]。从全国范围来看，东部沿海城市城镇化率明显高于西部城市。以宁波市为例，2015 年底，宁波城镇化率已达到 64.62%[3]，高出全国平均水平 8.52 个百分点。快速的城镇化发展在给城市带来经济活力的同时也带来了许多负面影响，如交通拥挤、雾霾污染、资源枯竭等，其中能源消耗加剧表现得最为突出。联合国政府间气候变化专门委员会（IPCC）2013 年公布的世界能源消耗分布数据显示，城市地区约消耗全球总能源的 67%[4]，国际能源署（IEA）预计 2030 年全球约 73% 的能源消耗将源自大都市地区[5]。由能源消耗导致的温室气体排放正在影响着全球气候的变化，长此以往不仅会威胁到城市的可持续发展，更会严重影响人类的生存环境。

　　目前，中美两国均为能源消耗大国，能耗均集中在建筑、交通和工业三个领域。

其中，美国各种能源消耗中建筑领域能耗约占 41%（住宅建筑和商业建筑能耗占比分别为 22% 和 19%），工业领域能耗约占 31%，而交通领域能耗仅约占 28%[6]，可见美国能源消耗的主体为建筑能耗。相较美国，我国社会能源消耗中建筑领域能耗所占比例约为 30%[5]，与工业能耗和交通能耗占比相当，并列成为我国三大能耗领域[7]。在各类能耗中，与居民生活密切相关的能源消耗主要为住宅能耗和交通出行能耗。2009 年美国能源信息署（EIA）的数据显示，美国家庭生活用能消费约占总能源消费的 30%[5]。《中国能源统计年鉴》的数据显示，2009—2017年，城镇人均生活用能增长 27%，住宅用电需求年均增长率为 11.9%，交通运输业用能在社会能源消费总量中的占比由 7.05% 上升到 9.41%[8]。另据《2016 年中国统计年鉴》的数据显示，我国住宅和汽车持有量呈逐年增长趋势，如图 1-1 所示。从图中可以看出，2012 年之前，住宅总量增幅大约保持在每年 11% 的速度，但在 2012 年之后，由于经济增速放缓以及空气质量保护等原因，增幅有所下降但总量仍在增长；2005—2015 年，私人汽车持有量呈逐年增长趋势，年增长率大约为 22%。由此推断，未来我国居民生活能耗仍会继续增长。

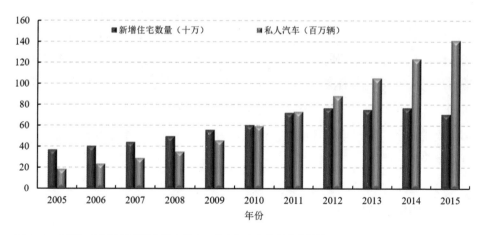

图 1-1　2005—2015 年我国全社会住宅、私人汽车和能耗变化趋势

　　值得注意的是，城市居民生活方式的多元化表现，已成为城市规划领域重点关注的问题之一。早期学者们对城市问题的研究主要集中在客观物质层面，由于城市是一个复杂的生态系统，这种"只见树木不见森林"的研究视角逐渐暴露出很多问题。当学者们意识到人在城市中的作用，以及人与城市的相互关系后，城市规划研究的重点逐渐从关注物质层面转向关注与人相关的城市问题，从关注的人地关系转向人与社会的关系。在此背景下，对城市的分析逐渐由静态的城市物质空间调整为动态的社会空间，由城市功能空间调整为以人为本的行为空间[9]。

　　城市居民的生活行为以及行为变化与特定环境之间的关系，已成为城市规划领域新的研究热点。关于生活行为变化与外部环境关系的研究，早期学者多是从邻里效应的角度去解释两者的关系，忽略了地理背景不确定性的因素，这种基于静态的城市空间和社会的研究，并不能如实反映城市动态的运行过程以及居民日常生活行为特征。由于个人行为受到时间和空间背景不确定性的影响而具有复杂性，所以学者们意识到，关于生活行为与外部环境关系的研究，应该在时空间坐标轴上展开，动态把握行为与环境的关系，以便找到两者间的规律特征[9]。时空间行为研究为揭示居民生活行为与城市客观环境在时空间上的复杂关系提供了独特的视角。

　　目前我国已进入以人为本的新型城镇化阶段，城市发展的核心目标已从空间扩张转向提升居民的生活质量。但现阶段我国城市规划研究仍然是"见物不见人"，缺乏对居民个性化需求的深入研究，难以应对城镇化高速发展导致的能源消耗加剧等问题。在此背景下，本研究基于时空间行为视角解读居民生活能耗与城市建成环境间的关系，提出建成环境优化措施，为促进低碳城市建设和提升居民生活质量提供了新范式。

1.1.2　研究意义

　　从搭建研究基础平台到实证分析建成环境对生活能耗的影响，本书在理论和现实层面均具有一定的研究意义。

从理论意义层面来讲，搭建城市建成环境对居民生活能耗影响研究的理论架构，构建城市建成环境对居民生活能耗影响的分析模型，弥补建成环境对生活能耗影响研究的理论"欠缺"，本研究为今后相关研究提供了理论借鉴。

本研究引用时间地理学理论。首先，在时空间行为视角下，界定了生活能耗的概念以及影响生活能耗的客观和主观因素；其次，围绕居民生活辨析了建成环境的定义，梳理了与生活能耗相关的建成环境构成要素；最后，在时间地理学理论的基础上，附加生活行为诱发生活能耗的衍生关系，建立了"环境—行为—能耗"三者的逻辑关联，搭建了城市建成环境对居民生活能耗影响研究的理论架构。基于理论架构，本书在时空间行为视角下选取了影响生活能耗的因素，并利用计量经济学理论，构建了包含城市建成环境、家庭社会经济特征、居民个人生活方式和节能态度变量在内的，城市建成环境对居民生活能耗影响的分析模型（以下简称"居民生活能耗分析模型"）。理论架构的搭建和居民生活能耗分析模型的构建，奠定了本书的理论深度和科学贡献，不仅弥补了当前建成环境对生活能耗影响研究的理论缺欠，对今后相关研究也具有理论借鉴意义。

从现实意义层面来讲，系统揭示了建成环境对生活能耗的影响机理和规律特征，提出有利于降低生活能耗的建成环境规划引导措施，本研究为宁波市规划编制和管理提供了依据，对控制居民生活能耗具有现实指导意义。

基于构建的居民生活能耗分析模型，本书以宁波市为例展开了实证研究。遵循由一般到特殊的思路范式，研究不仅分析了建成环境对总体住宅和交通总出行能耗的影响，还分析了建成环境对不同类型住宅、不同时期建成住宅、不同出行目的和不同出行方式能耗的影响，系统揭示了建成环境对生活能耗的影响机理和两者之间存在的规律特征。特征显示，开发强度较大的单元式住宅能耗、以通勤为目的的出行能耗、开车等高能耗方式的出行能耗对建成环境的敏感度更高。对宁波市而言，高强度开发的单元式住宅是居住区的主流形式，通勤出行是日常出行的最主要部分，私家车数量逐年增长，因此，研究成果有助于从建成环境角度指导居民控制生活能耗。虽然仍有部分结论与经验判断一致，但这并不能否认统计分析的作用，而正是通过统计分析验证了经验判断，肯定了经验判断对理性科学的准确把握。另有一些结论与经验判断不一致，例如，虽然道路交叉口密度对交通总出行和通勤出行能耗呈显著负相关关系，但其对高能耗出行方式的能耗呈显著正相关关系。这样的结论经过合理论证被提出，体现了理性科学对主观经验的修正和启发。

系统揭示建成环境对生活能耗的影响并提出建成环境优化措施，体现了量化分析结果对规划的影响，它使规划工作从依靠主观判断转向遵循客观规律。基于实证研究结论，针对宁波市规划设计规范中空白和相对滞后的内容，本研究从优化室内外微环境角度提出了住宅建筑规划布局引导措施，从提高目的地可达性角度提出了土地混合利用引导措施，从促进低碳方式出行角度提出了道路设计引导措施。实证研究结论和规划引导措施，为宁波市控规编制和规划的精准化管理提供了可靠依据，对于从建成环境角度降低居民生活能耗具有现实指导意义。

1.1.3 研究范围界定

本研究的核心问题是城市建成环境与居民生活能耗的关系。现状调研发现，宁波市中心城区人口密度最大，开发强度最高，能源消耗最多，非常具有代表性。因此，将研究重点放在宁波市中心城区。此外，本研究还发现，工业用地的选址均在城市外围区域，为满足生产要求，厂区的规划建设有其特殊规定，且工业用地内产生的能耗主要受工业技术、产业结构、经济规模等因素影响，与居民日常生活关系较小。因此，本研究所分析的建成环境不包括工业用地。综上所述，本研究的研究范围为宁波市中心城区非工业用地部分。

本书以宁波市为研究对象，从社区层面分析建成环境与生活能耗的关系。在社区层面展开研究主要考虑到以下三点：第一，从空间结构上看，社区是居民参与生活的基本场所，作为城市的基本单位，社区是衔接城市宏观层面和微观层面的中观聚集区，社区生活能耗状况既反映了建筑单体的用能，也体现了城市局部区域的生活用能，对其展开研究并提出优化策略对于降低建筑单体、局部区域，甚至整个城市的生活能耗都具有现实意义。第二，从功能上看，依据社区的主要功能特征可以将其划分为不同的类型，例如居住类社区和商业类社区等，选择不同类型的社区进行比较分析，可以更加全面地了解建成环境与生活能耗的关系。第三，从政策制定上看，社区的平均规模与宁波市控制性详细规划基本管理单元的规模相当，在社区层面展开研究便于将成果落实到规划编制和建设实施上。

1.1.4 相关概念辨析

本研究的两个核心概念分别为建成环境和生活能耗。

解释建成环境的概念首先要明确何为环境。"环境"在《辞海》中的解释为：人类生存和发展所必需的社会物质综合体，存在其外部世界。由此可见，环境是一种存在于人周围的有形和无形的情况和条件，它既包含看得见摸得着的物质，也包含文化、价值等精神存在。其中，物质环境按照其由来可以分为两类，一类是天然存在的环境，如大气、地貌、河流等，另一类是经过人工修建的环境，如建筑、道路、雕塑等。

建成环境是环境概念的一部分，该词是舶来品，其英文为"built environment"。1982年，美国建筑与人类学专家阿摩斯·拉普卜特（Amos Rapoport）出版了《建成环境的意义——非语言表达方法》一书，2003年，我国学者黄兰谷将书中"built environment"译为"建成环境"，之后该词在我国学术界开始使用。塞维罗（Cervero）[10]等人认为，建成环境是一种与自然景观形成对比的城市景观，体现了城市景观的多种物理特征，这些特征可以用来定义不同尺度的公共领域，例如小尺度范围内的步行街区、小区周围的便利店，以及大尺度范围内的新城镇等。汉迪（Handy）[11]认为，建成环境包括城市设计、土地利用、交通系统以及人们在物理环境中的活动模式。在其他类似研究中，建成环境也被称为"城市形态"（urban form）[12-13]，并且为了在研究过程中配合分析模型的使用，通常会把建成环境量化成具体的指标。例如，最早由塞维罗[10]等人提出的3D指标，即道路设计（design）、多样性（diversity）、密度（density），以及后来由尤因（Ewing）[14]等人在此基础上拓展的5D指标，增加了与公交站的距离（distance）和目的地可达性（destination）。

就本研究而言，建成环境是指按照一定的规划设计意图，经过人工修建完成，并供人们日常生活使用的空间、土地、建筑、道路、绿化、景观小品等设施内外部环境的总和。基于时间地理学视角，应该将由人参与的建成环境设计、建设、管理和使用各阶段看作是一个相互关联的整体，同时也应该强调建成环境与人们日常行为活动的关系。

按照研究尺度的不同，建成环境可以划分为宏观、中观和微观三个层面。其中，宏观层面的建成环境研究主要是在区域或城市层面展开研究，如区域的人口密度、城市的空间结构等；中观层面的建成环境研究主要是在社区或街区层面展开研究，如社区的土地利用多样性、路网密度、建筑组合和空间布局等；微观层面的建成环境研究主要是在建筑单体层面展开研究，如建筑形式、住宅面积等。本书将从中观和微观层面对建成环境展开研究。

能耗指的是为了实现某种目的而产生的能源消耗，一般分为生产能耗和生活能耗[15]，分类如图1-2所示。生产能耗是指工厂企业在生产商品过程中对电力、煤炭、石油等能源的消耗。生活能耗则是指人们在日常生活中为满足衣食住行的需要而对各种能源的消耗。一般而言，生产能耗主要受到生产任务、宏观政策等因素影响，工厂所处的建成环境对其影响较小，而居民日常生活所产生的能耗，尤其是住宅和交通出行能耗，均与其周围的建成环境等因素密切相关。

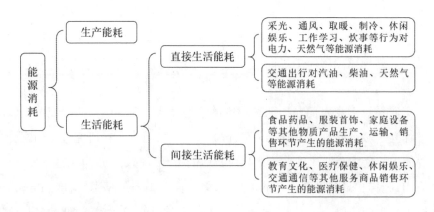

图1-2　能耗分类

　　按照能源消耗的方式不同，生活能耗又可以分为直接生活能耗和间接生活能耗 [16]。直接生活能耗是指居民为满足家庭采光、取暖、烹饪和交通出行等需要，直接对电力、天然气、汽油等能源产生的消耗。而间接生活能耗则是指居民作为产业链终端消费者，在衣食住行方面会购买非能源产品和服务，虽然使用这些商品并不会产生能耗，但是在其生产、运输、销售等环节会对能源产生消耗，因此称其为"间接生活能耗"。由于直接生活能耗是因居民日常生活行为而产生，因此在时空间行为视角下，本研究所说的生活能耗指的是直接生活能耗，即居民为满足日常生活需要，在室内产生的住宅能耗和在室外产生的交通出行消耗。

　　其中，住宅能耗指的是住宅在被使用过程中所产生的能源消耗，即房屋的运行能耗，并不包括住宅建材制造、施工等阶段的能源消耗，它反映了人们为了满足日常生活需求而在室内产生的生活能耗总量。

　　交通出行能耗指的是为了满足居民日常的工作、学习、购物，以及其他生活需要，外出过程中从出发点到达目的地所产生的能源消耗，是人们在室外产生的生活能耗。交通出行能耗受到出行距离、出行方式、能源种类等多种因素的影响。针对本研究的交通出行能耗有两点补充说明：第一，其指的是单个居民单次单程的能耗，并非居民单次往返或者一天内多次出行的总能耗；第二，为了便于计算交通出行能耗，本研究中居民出行的起始点和终点均在设定的研究范围内，并非跨城市、跨区域等其他长途出行。

1.2　建成环境与生活能耗关系研究的理论基础

揭示建成环境与生活能耗的关系，并提出有利于降低生活能耗的建成环境规划引导措施，属于典型的实证研究。任何实证研究都需要有一定的理论基础，本研究涉及分析居民生活行为、解释不同要素间关系、提出低碳城市规划策略等内容，因此本书的理论基础包括时间地理学、计量经济学、城市生态学。

1.2.1　时间地理学：揭示个人行为与客观制约因素的关系

时间地理学作为一种可以揭示个人行为与客观制约因素关系的理论，本研究对其产生背景和研究方法特点进行了总结。

1. 理论背景及产生

学术界早期对城市的理解侧重于城市土地利用类型和客观物质形态，以景观论方法为研究视角虽然可以认识城市环境的物质结构，但忽略了人自身的活动。因此，学者们开始将研究视角转向城市地域的社会特征，以社会学和生态学为理论基础，解释城市衍生机制，由此诞生了城市生态学。该学派的代表人物伯吉斯（E. W. Burgess）、帕克（R. E. Park）等人受到生物进化论的启发，认为城市形态演变是由人类活动的竞争造成的。虽然城市生态学派推动了城市理论体系的发展，但他们只是机械化地看待人类的个体，忽视了人类活动背后的各种客观和主观因素。所以，学者们后来又将研究视角转向人的行为主义方法。该方法将行为学和心理学作为理论基础，以人的行为为出发点，由此分析城市现象，同时，该方法还关注意识决策在人类活动过程中的作用。行为主义方法的不足在于过分强调人的主观因素，欠缺对人类活动客观制约因素的考虑[17]。

基于此背景，由瑞典地理学家哈格斯特朗（Hägerstrand）倡导，并由其代表的隆德学派（Lund School）在20世纪60年代后期发展形成了时间地理学理论体系[18]。时间地理学更加注重多维度解析制约人们活动的具体因素，并在时间和空间轴线上动态描述和解释人们的各种活动[19]。时间地理学的产生有三个诱导因素：第一，人文地理学的研究领域由区域和城市空间转向城市社会的各个方面，即由地理学向社会学渗透。第二，人们逐渐认识并开始重视时间这一资源的稀缺性和重要性，以及人们开始追求更高质量的生活方式。第三，瑞典高福利的社会状况促使政府开始追求提升每位公民的生活质量，要求社会资源公平合理分配。普雷德（A. Pred）等人认为，时间地理学将地理学和社会学有机地组合在一起，使地理学的社会科学化成为可能[20]。

2. 理论研究方法特点

出于改善个人生活质量的根本目的，时间地理学从微观个人角度出发，形成了独特的方法体系，主要体现在以下五个方面。

第一，在时空间坐标系上连续不断表示和分析人文现象。时间地理学派将社会理解成"物质"系统，认为每个人都被某种环境结构包围，个人的能力、信息和资源决定了其周围的环境结构。时间地理学最核心的概念为路径，路径是对个人行为的模式化表达。他们同时还提出了时空棱柱的概念，时空棱柱的形态可以反映出个人时空间行为决策的微观情境，是对个人行为所承受制约条件的模式化表达。通过把个人行为分析置于时空轴上，使行为研究进入新的阶段[21]。

第二，时间与空间相结合。在微观层面，时间地理学将时间和空间看作是一种有限且不可转移的资源，并将两者有机结合在一起，从个体角度分析个人行为在连续的时空间中的前后过程。

第三，强调制约条件对个人行为的影响。时间地理学派认为，个人行为具有随意性，这就导致无法以过去的行为结果来解释未来的行为，而应当以行为个体的客观制约条件来解释个人行为[22]，这些制约条件既包括自然形成的条件，也包括公共政策、客观外部环境以及个人决策等。强调影响个人行为的因素为客观制约条件，而非人的主观能动性，是时间地理学与行为地理学最大的区别。

第四，基于个人日常行为分析的方法论。时间地理学强调个人日常行为的动态研究，通过追踪每个研究对象的生活路径及在时空间内的活动状况，匹配个人活动行为与个体属性的关系，从而发现各类人群的活动规律特征，进而将其与个人行为的微观、中观以及宏观研究进行结合。

第五，强调为规划服务的应用性。强调研究结果的应用与时间地理学诞生的因素有关，该理论从诞生伊始就致力于提高人们的生活质量，公平合理分配社会资源。这种服务已经应用于多个方面，例如雷恩陶普（B. Lenntorp）等人开发的交通规划模拟模型[23]，将出行行为分析结果服务于交通规划[24]，以及通过分析居民生活行为，为居住、就业、休闲购物空间等的规划布局服务[25]。

1.2.2　计量经济学：解释不同经济变量之间的实证关系

计量经济学是一种可以解释不同经济变量之间实证关系的理论，本研究对其内涵、实践应用和局限性进行了总结。

1. 理论提出及内涵界定

戴夫南特和金（Davenant and King）早在 17 世纪就对计量经济学相关内容展开了研究，但没能使用明确的术语对研究的内容进行概念界定。直到 1926 年，挪威经济学家拉格纳·弗里希（Ragnar Frisch）在其论文中首次定义了计量经济学，称其是一门研究经济理论、统计学和数学之间规律的科学，目标是理论定量研究和经验定量研究经济问题的统一[26]。早期计量经济学研究在形式上更加关注数学的严谨和逻辑性，致力于经济学的自然科学化，远离纯文字描述的经济学。随着学科的不断发展，学术界对计量经济学的定义又融入了具体的研究内涵和方法。

借鉴古扎拉蒂（Gujarati）的观点[27]，计量经济学的内涵：通过观察经济活动提出理论或假设，并综合运用经济理论、统计学和数学工具，以及依据经验证据构建计量分析模型，进而得出量化结论，并用结论检验和验证经济活动。

2. 理论的实践应用

从计量经济学诞生到其随后的发展，其目标一直是寻找最优的科学经验方法解决实际问题。科学哲学认为，科学的事物是可以被证实的，所以逻辑实证主义是科学哲学对科学的界定。而计量经济学的方法论基础则是逻辑实证主义，检验是其最重要的特点。计量经济学的实践应用体现在以下四个方面。

第一，检验经济理论或者经济现象。作为一种实证分析理论，计量经济学与自然科学研究范式相同，均是通过对个体、偶然现象的观察结果进行抽象总结，提出一般、必然的假说，然后检验所提的假说[28]。具体而言，计量经济学强调的是对所提出的经济理论假说或者所观察到的经济现象的检验，这种检验基于表征经济行为的数据，并通过统计分析对客观存在的经济关系来进行。

第二，描绘经济现象或揭示不同经济活动变量间的关系特征。在经济学理论的基础上，依托统计学和数学方法，计量经济学可以研究当某个或若干个经济活动变量发生变化时，对其他变量产生何种影响，甚至对整个经济系统的作用如何，以此来描绘客观经济现象[29]。与常规经验不同，计量经济学不仅可以看出变量间的影响方向，还可以揭示其影响程度，这对于分析经济现象具有重要的意义。可以说，揭示经济活动变量间的关系是计量经济学实践应用的基础，也是其最主要的功能。

第三，预测经济发展。基于调研获取的经济活动数据，通过搭建经济数学模型，计量经济学可以从已经发生的经济活动中总结出经济现象规律，并提出未来发展走向。用于经济预测的分析模型包括两类，分别是以截面数据为样本的静态模拟和以时间序列数据为样本的动态模拟。相比较而言，由于静态模拟的样本是微观个体，样本之间相互独立，所以预测点的分析数值可以独立给出，同时，由于同一截面的样本点和预测点遵循同样的经济规律，所以预测的误差较小。

第四，评价经济政策。通过揭示经济活动中不同变量间的关系，计量经济学可以对已经实施和尚未实施的经济政策进行评价。例如，评价已实施政策的有效性，检验经济政策的传导机制，评估未实施政策可能产生的效果，比较不同经济政策的优缺点等。

3. 理论的局限性

虽然计量经济学的方法论与自然科学十分相似，但远未达到自然科学那么成熟。与自然科学相比，计量经济学所分析的数据来自具有随机性的经济活动行为，然而这些行为不能由实验产生，具有不可重复和不可逆性，因此，这些数据严格意义上说并非实验数据，这就导致计量经济学在以下两个方面具有局限性。

第一，不能全面反映各因素对经济行为的影响。计量经济学构建的模型简化了复杂的现实经济情况，只能体现出主要或重要的经济活动影响因素。而模型中的分析数据是在多种因素共同影响下产生的，由于部分因素是无法获取或未知的，这就导致无法解读这些因素的影响作用。

第二，无法精准揭示及预测变量间关系。由于经济运行是一个不可重复和不可逆的过程，再加上个体经济活动行为具有随机性，这就导致统计分析成为针对大样本的"平均"行为[30]。对这些行为附加理论假设（如经济系统具有平稳性和同质性等）后，得出的分析结果虽然科学但不精确。此外，经济系统会产生如金融危机、技术革命等突然事件，具有时变性，这也降低了它对经济的预测性。

1.2.3　城市生态学：以可持续发展原则协调人与城市的关系

城市生态学作为一种以可持续发展为原则、协调人与城市关系的理论，本研究对其概念、主要研究内容和规划应用进行了总结。

1. 理论发展与定义

城镇化发展带来了一系列城市问题，如环境污染、气候不稳定、资源枯竭、交通拥挤等，已经严重影响到城市的生态系统，在此背景下，城市生态学应运而生。早在 20 世纪 20 年代，美国芝加哥学派以生态学为理论基础，在研究城市空间和土地利用过程中形成了城市生态学的研究方法。20 世纪 60 年代，城市生态学研究视角转向社会地域分析，采用归纳法研究城市结构，由于传统分析方法无法深入了解城市系统的发展机制，城市生态学理论一度不被学者们关注。直到 20 世纪 70 年代，随着可持续发展思想被引入城市生态学，该理论进入了新的研究阶段。

目前，关于城市生态学还没有统一的定义，但是通过梳理以往研究文献[31-33]，从研究对象、研究方法、研究内容、研究目的等方面来看，城市生态学可定义为，以人们生活的城市生态系统为研究对象，根据生态学原理和系统论方法探讨城市内部结构与功能、生态调节机制，通过将研究内容运用到城市规划、建设、管理等环节，为提高居民生活质量和城市的可持续发展提出科学对策，引导人类活动方式与城市环境、资源等协调发展。

2. 理论主要研究内容

城市生态学的研究对象为城市内部的生态系统，包括环境系统和生命系统。由于人是生命系统的主导，因此，城市生态学侧重关注城市内居民与环境之间的相互关系。就研究内容而言，可以分为两部分：一部分是在微观层面研究城市与自然、环境、资源的关系以及作用机制，为城市的可持续发展提出具体的指导措施；另一部分是在宏观层面研究城市内部的生态系统，整体上把握城市内部结构与功能、生态调节机制，为城市的可持续发展提出宏观的战略指导措施[34]。

微观层面研究内容涉及城市与气候、水文、生物效应关系，以及城市环境容量和自净能力等方面。其中，城市与气候关系研究，主要探讨人为排放的热和废气对大气构成的影响，人类活动对热岛效应等城市局部微气候的作用，以及城市应如何规划建设才能使其与气候条件相适应，最终实现居民生活质量的提高。城市与水文关系的研究，主要探讨人为改造城市后，城市水文环境受地表变化的影响，以及如何使城市建设与水文地质特征相协调，以减少洪涝灾害。城市与生物效应关系研究，主要探讨在人口由乡村向城市迁移的过程中动植物在生理、遗传、物候等方面的变化，以及城市绿化的生态效益。城市环境容量和自净能力研究，主要探讨人口、土地、交通等的承载力，城市排放物总量控制技术等内容。

宏观层面研究内容涉及城市能量流动、物质循环、系统调控模型等方面。其中，城市能量流动研究，主要探讨生态系统内影响能量流动的内外因素，以及能量流动的途径、方向、速率、方式。城市物质循环研究，主要探讨城市系统内大气、水、能源、生活生产资料等物质的控制因子和流动模式。城市系统调控模型研究，主要使用优化模型、模拟模型、灵敏度模型等其他城市系统模型分析城市内部结构与功能、生态调节机制。

3. 理论在规划设计中的应用

随着城市生态学在城乡规划领域的广泛应用，以可持续发展为理念的城市规划设计不断涌现，典型案例包括弹性城市、紧凑城市、精明增长等。它为实现人与城市协调发展提供了理论支撑。

1973年，美国生态学者霍林（Holling）首次提出了"弹性城市"的概念。他指出，弹性是系统受到干扰后，能快速恢复原有结构和功能的能力，而弹性城市（Resilient city）则被认为是提高城市韧性和恢复适应能力，降低城市脆弱性的城市发展模式[35]。弹性城市设计遵循"风险识别—系统状态评估—弹性策略制定"的思路。首先，应正确识别城市所面临的风险以及城市所具有的脆弱性，预判面对外界干扰时城市的适应能力。其次，描述城市面对各种灾害时的情景，评价应对各种情景时的规划响应方案。最后，基于城市的抗干扰能力，制定有针对性的应对策略。

1990年6月，欧盟委员会发布的《城市环境绿皮书》中首次提出了紧凑城市的概念。该文件指出，针对由于严格的功能分区和郊区的无序蔓延所造成的交通和环境污染问题，应该通过紧凑的空间布局方式和多功能混合的土地利用模式，缩短居民通勤出行距离，加强服务设施可达性，进而减少对小汽车的依赖，遏制城市无序扩张。这一理念对欧洲城市制定环境政策有了深远影响。此后，大量学者从不同角度对紧凑城市展开了深入研究[36-38]，通过归纳其研究成果，可以将紧凑城市特征总结为：强调土地高强度的综合利用开发，强调土地利用和城市功能的多样性，形成以公交出行为导向的开发模式，通过公共空间的环境营造缓解由高强度开发带来的环境和精神压力。

20世纪90年代，为了应对由城市蔓延导致的城市问题，美国多地提出了"精明增长（Smart Growth）"理念。精明增长是一项综合性策略，其核心内容包括充分利用城市存量空间并激发其活力，开发利用城市棕地，通过集中紧凑建设模式促进职住平衡和节约公共服务设施成本，鼓励步行和公交出行，确保开敞空间的数量和质量，实现对城市无序蔓延的遏制[39]。

1.3 建成环境对生活能耗影响研究的文献综述

建成环境与生活能耗的关系，已经成为学术界关注的热点。学者们针对各自的研究对象，通过选取不同的研究变量，依靠不同途径获取研究数据，借助不同的分析方法，展开了建成环境对生活能耗影响的研究。

1.3.1 建成环境对生活能耗影响研究的变量选取综述

既有研究关于建成环境对生活能耗影响的变量主要集中在住宅建筑、居住区空间布局、开敞空间、土地开发强度、土地混合利用程度、路网设计、目的地可达性、与公交设施距离八个方面。

1. 住宅建筑

住宅建筑对能耗的影响体现在住宅类型（type）、住宅面积（size）和外墙围护结构三个方面。国外研究常把住宅类型划分为多户住宅（multifamily housing）和单户独立住宅（single-family housing）两种，多户住宅类似于我国的单元式住宅，单户独立住宅与我国的别墅类住宅相对应。分析住宅类型对能耗的影响，可以用体形系数这一指标进行解释。一般而言，体形系数越小，住宅的蓄热性能越强，能耗相对越低。现有研究也证明了这一观点。例如，卡扎（Kaza）[40] 的研究发现，多户住宅家庭平均能耗为单户独立住宅家庭的一半，多户住宅人均用能是单户独立住宅的71%，具有五个单元及以上的多户住宅能耗与单户独立住宅能耗之间差距最大，前者仅为后者的43%。此外，我们对天津市生态城住宅的研究也发现，在控制了其他变量的情况下，单元式住宅家庭用电量与单元数呈显著负相关关系。

不仅如此，住宅面积对能耗的影响也十分显著。一般而言，住宅面积越大，居民在房屋内对采光通风、供热制冷等日常生活需求越高，因此住宅能耗越高。目前已有大量的研究证明了这一观点。例如，秦波等人对北京地区的住宅能耗的研究发现，人均住房面积增加1%，家庭建筑碳排放增加0.485%[40]。柯（Ko）[41] 的研究发现，美国加利福尼亚州萨克拉门托地区的住宅体量增加 10%，夏季制冷所产生的能耗会增加 1.9%。此外，基于 2009 年美国住宅能耗调研数据，杰弗里（Geoffrey）[42] 等人的研究发现，住宅面积对家庭夏季用电量呈正相关影响，住宅面积的系数值为 1.90。

可以通过改变房屋的外墙特征来影响家庭的住宅能耗。例如，闫成文[43] 等人对夏热冬冷地区住宅能耗的分析结果显示，外墙的构造可以显著影响建筑的保温性能，住宅外墙传热系数与家庭全年用电量呈显著正相关。董海广[44] 等人对北京地区住宅建筑能耗的研究结果显示，住宅外墙的窗墙比能显著影响住宅能耗，东向、西向和北向的窗墙比越小住宅能耗越低，南向随着窗墙比的增大住宅能耗先降低后升高。邸芃[45] 等人对南京市住宅能耗的研究也同样发现，外墙保温层厚度和窗墙比能显著影响住宅用能，当墙体传热系数降低时，住宅单位面积能耗也会减少。

2. 居住区空间布局

不同的街道朝向、建筑朝向以及建筑组合形式等因素会对住宅能耗产生不同的影响。例如，我们在研究天津市生态城区住宅能耗时发现，南北朝向的住宅有利于减少家庭用电量。利特尔费尔（Littlefair）[46] 的研究显示，对于北半球的住宅而言，获取太阳能最理想的朝向是与正南呈 10°～30° 之间的方向。他们发现，将伦敦的住宅朝向从正南改为正西后房屋接收到的太阳能辐射量会明显减少，传统房屋需要多消耗 9% 能量来满足房屋的供热需求，而被动式太阳能房屋则需要多消耗 16% 的供热能。需要注意的是，影响住宅能耗的因素有很多，在分析建筑朝向的影响时还应该考虑到建筑间距对住宅能耗的影响，对于炎热气候的暖冬地区，应适当缩小住宅间距，以便合理地控制太阳能辐射，否则建筑朝南会增加其制冷能耗。

此外，建筑物的空间布局形式也是影响住宅能耗的重要因素[47-50]。陈天骁[51] 在对绥化市住宅建筑布局对户均能耗的影响进行研究时，比较了行列式住宅、错列式住宅和三角形围合式住宅的家庭用能情况，结果发现，户均能耗最低的为三角形围合式住宅。基于建筑密度、容积率、统一或自由的水平和垂直布局（如图 1-3）等影响因素，程（Cheng）[52] 等人利用 3D 模拟测试了不同建筑布局形式对住宅能耗的影响，研究发现，低建筑密度、水平和垂直方向的自由布局以及更多开敞空间的建筑布局形式，有利于住宅接收更多的太阳能辐射和日光照射量。

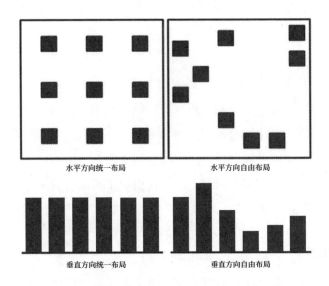

图 1-3　水平和垂直方向建筑布局示意　（资料来源：参考文献 [52]）

3. 开敞空间

开敞空间对能耗的影响主要体现在树木（plant）和地表覆盖物（surface coverage）两方面。树木可以通过多种途径影响住宅能耗[53-54]。阿克巴里（Akbari）[55]等人在其研究中发现，美国萨克拉门托地区没有树荫遮挡的住宅比有树荫遮挡的住宅平均多产生约 30% 的制冷能耗。黄（Huang）[56]等人的研究发现，蒸腾作用对住宅能耗产生的影响甚至可以达到树荫效果的 3~4 倍。麦克弗森（McPherson）[57]等人对美国新泽西州、宾夕法尼亚州和北达科他州等地区的住宅研究发现，住宅周围的树木可以起到防风罩的作用，能够为家庭节省 8% ~12% 的供热能耗。德沃勒（DeWalle）[58-59]对美国宾夕法尼亚州地区住宅的研究发现，距离住宅 3 m 远的小型防风林在冬季能够为家庭最高降低约 18% 的供热能耗。罗森菲尔德（Rosenfeld）[60]等人对美国洛杉矶地区住宅的研究发现，树木能够通过减少空气和地表温度来缓解城市当中的热岛效应，这对降低家庭能耗起到了非常重要的作用，高峰时段住宅空调用能大约可以减少 1.5GW。

地表覆盖物是指城市中草地、道路、建筑表面、水体等实体要素暴露在城市空间中的部分，属于城市景观的一部分。现有研究显示，这些实体要素表面的色彩、渗透性以及其他物理特性能够通过改变城市热环境而对住宅能耗产生影响[61-63]。柯[53]等人的研究发现，住宅周围半径为 30.5 m 的绿地空间密度与夏季制冷能耗呈显著负相关。我们在研究天津市生态城区建成环境对居民用电量的影响时发现，水系环境对居民用电有显著负相关影响。斯通（Stone）[64]等人通过对比不同渗透性的地表覆盖物对地面温度和热排放的影响，分析了美国亚特兰大地区热岛效应与地表覆盖物的关系，研究发现，地表温度升高的主要原因是城市中存在大面积暴露的表面和低密度开发建设。这一观点与普遍认为城市热岛效应是由高密度开发所导致的结论存在差异。因此，他们提倡城市布局应采用小街区、多绿化、少开敞空间的高密度发展模式。

4. 土地开发强度

土地开发强度主要体现在密度方面。建筑密度对住宅能耗的影响目前还没有达成一致的结论，部分研究认为，高密度开发住宅单元能够有效减少住宅对能耗的需求。例如，皮特（Pitt）[65]的研究发现，在没有采取其他节能措施的情况下，美国布莱克斯堡地区高密度住宅单元家庭的温室气体排放量比居住在低密度住宅单元的家庭少 35.5%。我们在研究天津市生态城区居民用电情况时也发现，小区建筑密度对用电量呈显著负相关影响。但也有一些研究认为，随着现代化水平的提高，家庭中电器数量也在增加，这就使得建筑本身也会产生大量的热，而在高密度的建成环境下不利于建筑热量的散失，从而改变了住宅周围的热环境，增加了住宅对能耗的需求[66]。此外，住宅单元密度过高还会使建筑之间相互遮挡，从而影响了太阳光的射入，进一步加剧住宅对能耗的需求。

此外，纽曼（Newman）[67]和肯沃西（Kenworthy）对全球 32 个主要城市的研究发现，城市密度与年人均汽油使用量呈负相关，其中，美国汽油平均消耗量是澳大利亚的两倍，是欧洲城市的四倍，是亚洲城市的十倍，如图 1-4 所示。弗兰克（Frank）[68]等人对美国普吉特地区的研究发现，住宅密度与交通碳排放具有显著的负相关性，但是霍尔顿（Holden）和诺兰（Norland）[69] 在分析挪威奥斯陆八个居住社区对交通出行能耗的影响时提出，在一定的开发密度范围内，家庭出行能耗随着开发密度的变大而减少，当超出此开发密度后，能耗会随着开发密度的变大而增加。郭洪旭[70] 等人以 2000—2010 年的出行数据为基础，分析了北京、上海、广州、天津和重庆五个城市的空间形态对交通出行能耗的影响，研究发现，人口密度与人均出行能耗呈负相关，尤其是当人口密度大于 200 人 / hm^2 时，人均出行能耗会出现明显下降的趋势，与欧美国家相关研究相比，我国城市建成环境中人口密度对家庭出行能耗影响更显著。

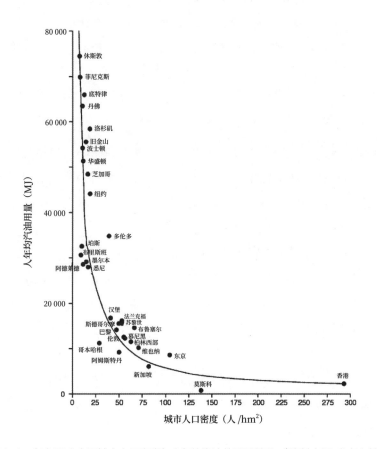

图 1-4　全球 32 个主要城市人口密度与人年均汽油使用量关系　（资料来源: 参考文献[67]）

5. 土地混合利用程度

现有文献中常用熵值来度量混合程度，数值越大，反映用地性质种类越丰富。土地混合利用常涉及的指标包括土地混合利用程度、职住比、就业人口比率等。姚宇[71]以深圳市为研究对象，分析了建成环境对居民出行的影响，结果显示，土地混合利用程度与居民出行距离呈负相关（系数为 -1.621）。从用地类型的角度研究土地开发模式对交通出行的影响时，大量研究还发现，随着杂货店和零售店数量的增加，人们更倾向于选择非机动模式出行[72-73]。孟希（Munshi）[74]对印度艾哈迈达巴德地区建成环境与交通出行的关系进行了研究，分析过程中以职住比指标来代表多样性，结果发现，建成环境的多样性与交通出行距离呈负相关，但是与之前尤因（Ewing）的研究相比，艾哈迈达巴德地区的职住比对机动车行驶里程的影响相对较弱。此外，也有一些研究表明，在控制了社会经济以及其他一些变量后，土地混合利用对家庭出行能耗的影响可忽略不计[75]。

6. 路网设计

路网设计反映了一定范围内的道路网特征，各种道路的连接性是影响交通出行的关键。常涉及的指标包括两类：一类是以机动车出行为导向的指标，如道路交叉口密度、街区尺度、道路密度等；另一类是以步行为导向的指标，如人行道覆盖率、街道高宽比、过街天桥密度、行道树长度等。

利特曼（Litman）[76]等人研究了道路连接性对居民出行的影响，如图1-5所示，尽管两图中A、B两点的直线距离是相同的，但是左图中路网密度较大，连接性较好，右图则是由一些尽端路组成的，只有很少的道路与主干道相连。从出行距离来看，连接性较好的路网A、B两点的距离约为2 km，而连接性较差的路网从A点到达B点则需要5.8 km，约是前者的3倍。拉科（Larco）[77]的研究也指出，提高郊区道路网的连接性可以为家庭提供更多的出行方式选择，居住在路网连接性较好社区的居民选择自行车或者步行出行的比例是其他社区的两倍，这主要是因为连接性较差的路网会对非机动化出行的舒适性和安全性带来很大的影响。杨阳[78]基于调研得到的研究数据，分析了济南市建成环境对家庭出行能耗的影响，以道路交叉口密度表征建成环境的设计维度，结果发现，其与交通能耗呈显著负相关。然而，也有一些研究认为，街道网络设计对公交出行并不存在影响，例如尤因（Ewing）[79] 的研究发现，在控制了城市密度等变量后，公交出行与道路网设计间并不存在明显的关联。

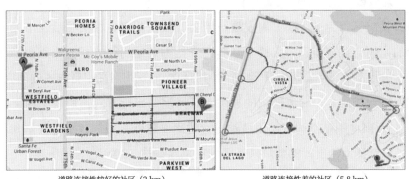

道路连接性较好的社区（2 km）　　　　道路连接性差的社区（5.8 km）

图 1-5　路网连接性对出行距离影响示意　（资料来源：参考文献[76]）

7. 目的地可达性

目的地可达性反映了行人到达各类场所的便捷程度，常被用来分析的场所包括教育、医疗、商业设施，以及工作地点等，可以用指定半径内各类设施的密度来表示。尤因和塞维罗[14] 的研究发现，工作地点的可达性与交通出行能耗呈显著负相关，可达性指标的弹性系数为 -0.2，他们同时还指出，城市宏观层面目的地可达性对交通出行影响程度高于中观层面。柴彦威[80] 从北京市范围内选取了 10 个小区分析建成环境对出行能耗的影响，研究发现，各类设施的可达性越强，家庭日常出行产生的能耗越小。此外，法辛（Farthing）[81] 等人的研究表明，各类设施的可达性可以减少汽车的平均出行距离，但对步行出行的影响并不显著。

8. 与公交设施距离

与公交设施距离是指一定范围内，住宅或工作场所与其最近的公交站或地铁站的平均长度，它可以通过改变人们的出行方式影响交通能耗。一些研究发现，生活和工作在以公交为发展导向的社区居民，机动车拥有量和驾车出行距离小于其他类似的社区[82-83]。可以反映与公交站距离的指标包括公交线路密度、公交站间距、单位面积内公交站数量以及步行到公交站时间等。

利特曼（Litman）[76] 的研究发现，居住或者工作在靠近公交站的居民机动车行驶里程相对较低，而公交出行比例相对较高，如图1-6所示。此外，陈丽昌[84] 对昆明市市民出行行为进行研究时发现，当公交站点的可达性增强后，市民选择公交出行的比例会显著增高，选择电动车、步行等其他出行方式的比重会降低，而对小汽车出行影响较小。塞维罗[85] 对美国加利福尼亚州居民出行方式的研究发现，生活在距离地铁站150m范围内的居民，选择地铁出行方式占所有交通出行方式的30%，距离地铁站越远，使用地铁出行的比例越低，居住在距地铁站900m范围的居民，选择地铁出行的数量只是居住在距地铁站500m范围的一半。

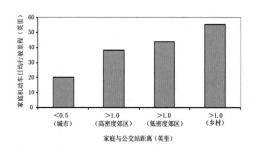 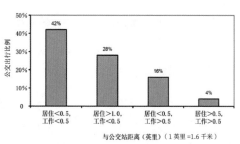

图1-6　到公交站距离对乘坐汽车和公交车出行的影响　（资料来源：参考文献[76]）

1.3.2　建成环境对生活能耗影响研究的数据获取综述

由于建成环境对生活能耗影响研究涉及建成环境和生活能耗两部分内容，所以，本节分别综述既有研究关于建成环境和生活能耗数据的获取方式。

1. 建成环境数据获取

建成环境数据的获取方式主要包括以下五种。

第一，形态测度法。该方法主要是利用建成环境的外轮廓形状，通过图解式分析获取研究数据，常用在城市宏观层面的研究当中，所得结果比较直观。例如，利用研究范围的二维平面图，可以获取建成环境的紧凑度、郊区蔓延指数、城市布局分散系数等，利用生态学方法，可以获取土地斑块面积等环境指标。学者武进[86]在研究城市边缘区空间结构演化时，曾利用图解式分析直观表达了城市形态的结构，以及分析了区位因素和土地市场对边缘区空间结构的影响机制。此外，林炳耀[87]也提出了形状率、紧凑度、放射状指数等指标的计量方法，用以分析城市空间形态。

第二，指标测度法。该方法是目前使用最多的方法之一，常用在城市中观层面的要素分析当中，它可以科学地揭示建成环境内部特征，并且具有较强的可操作性。该方法主要是将需要研究的建成环境转化为具体的量化指标，例如容积率、建筑密度、土地利用混合程度、目的地可达性等，然后再利用 MapInfo、ArcGIS 等测绘软件算出相应的数值。例如，刘（Liu）[13]在分析城市土地利用特征对家庭交通出行能耗的影响时，将建成环境量化为密度、土地混合利用等指标。秦波[88]在分析北京市社区形态与居民碳排放的关系时，利用 ArcGIS 计算了建成环境的道路平均宽度、容积率等指标。

第三，现场测绘法。该方法主要用于建成环境微观层面的相关研究，例如绿化阴影面积、景观舒适程度、建筑内部特征等。与指标测度法所分析的要素不同，这些建成环境要素无法通过规划图纸或远程遥感技术获取，而只能借助现场测量、入户调研等方式获取相关数据。李（Lee）[89]曾通过处理入户调研得到的数据，来分析建成环境对家庭能耗的影响，其中，调研信息包括人口和城市地区的空间结构特征。

第四，文献资料法。该方法主要用于获取跨年份的建成环境数据。通过查阅相关文献资料，可以直观地看出所分析的建成环境要素的变化趋势，并可以在此基础上对未来做出预测判断。例如，皮特（Pitt）[65]和曹（Tso）[90]都曾利用美国国家住宅能源消耗调研（Residential Energy Consumption Survey）数据分析了建成环境对住宅能耗的影响，该调研报告涉及人口、住房、经济等资料，基于统计信息可以判断出建成环境的变化趋势。需要说明的是，文献资料法分析结果的精确性相对较差。

第五，定性测度法。当所要分析的建成环境指标无法量化时，可以借助定性测度法对其进行评判。常用到的定性测度方式包括问卷调查或者主观评估等。通过向受访者发放问卷，可以了解到居民对建成环境的体验情况，例如，戴克（Dyck）[91]利用等级评分的方式来获取居民对建成环境的满意度。主观评估则是调研者在现场调研时对建成环境的自主评价，例如，阿方索（Alfonzo）[92]在分析建成环境与人们出行方式的关系时，对路网的可达性做出了自己的判断。

2. 生活能耗数据获取

生活能耗数据的获取方式主要包括以下四种。

第一，基于以往研究获取数据。这种获取能耗数据的方式相对直接，多用于综合分析或验证分析类研究。例如，班尼斯特（Banister）[93]等人基于文献中研究样本的数据，综合分析了6个城市的城市形态和能源消耗之间的关系。此外，明黛丽（Mindali）[94]等人曾利用纽曼（Newman）[67]的研究数据进行了城市形态与能耗关系的研究。

第二，通过调研获取能耗数据。该方法比较常用，所获取的数据相对客观真实，多用于实证类研究。例如，霍尔顿（Holden）[95]等人基于调研的数据，对挪威奥斯陆地区8个居住片区的土地利用特征与家庭能耗的关系进行了研究。秦波[7]等人基于对北京市1188个有效家庭样本的调研，分析了城市形态对家庭建筑碳排放的影响。帕玛纳（Permana）[96]基于500个家庭的问卷调研数据，分析了印度尼西亚万隆3个不同地区的城市建成环境与家庭交通出行能耗的关系。此外，姜洋[97]等人在分析济南市不同街区形态对交通出行能耗的影响时，也采用了入户调研的方式估算研究了所需的交通能耗数据。

第三，借助统计资料获取能耗数据。与调研获取能耗的方式相比，通过统计资料获取能耗数据的精确性相对较差，该方法多用于城市宏观或区域层面的研究。例如，在达卡尔（Dhakal）[98]的研究中，根据单位区域生产总值消耗估算了城市的总能耗。另外，曹[90]等人利用2009年美国住宅能耗调查（RECS）数据，分析了环境因素和家庭特征对住宅能耗的影响。

第四，通过模拟方式估算能耗数据。当能耗数据无法通过调研或者资料获取时，可以借助模拟的方式估算生活能耗，这种方法获取的能耗数据真实性相对较差，该方法多用于能耗的预测。例如，米歇尔（Mitchell）[99] 等人曾在英国利兹地区交通出行能耗的研究中，尝试使用了道路交通网络工程的多准则模型和评估系统，估算并预测了交通出行产生的碳排放量。

1.3.3　建成环境对生活能耗影响研究的分析方法综述

既有研究关于建成环境对生活能耗影响的分析方法主要包括模拟分析和统计分析。

1. 模拟分析

模拟分析通常是把研究数据导入模拟程序，依托分析软件得出相应的研究结果。研究过程中既可以基于假设的条件进行模拟，也可以将假设和预测的条件进行组合模拟，通常是构建一种特定的情景，在控制了所设计的建成环境变量的情况下，分析各因素对生活能耗的影响 [100-101]。

斯蒂莫斯（Steemers）[102] 指出，在密集环境下太阳能潜力被削弱主要是由于邻近建筑物遮挡所致，利用光热模型发现，被动式太阳能住宅南面 30° 若有障碍物遮挡，将会比没有障碍物的建筑多 22% 的能耗。拉蒂（Ratti）[103] 等人利用光热模型对英国伦敦市、法国图卢兹市和德国柏林市进行了研究，发现伦敦中心区比柏林中心区布局紧凑，能耗小于柏林，他们还指出，城市密度和形状的变化能影响能耗的 10%。帕拉迪斯（Paradis）[104] 对魁北克市典型的单户住宅进行了模拟研究，他们指出，最优的街道朝向（正南偏东 20°）可以在冬季降低房屋供热负荷 24%~70%，同时也可以降低房屋平均能耗 16.5%。阿克拜尼（Akbari）[105] 等人利用模拟分析模型，研究了加拿大 4 个城市（多伦多、埃德蒙顿、蒙特利尔、温哥华）树木和地表白色覆盖物对住宅供热和制冷能耗的影响，研究发现，对于多伦多而言，每个邻里增加 30% 的植物覆盖率和 20% 的房屋反照率，城市住宅能够减少约 10% 供热能耗，乡村住宅能耗减少 20%，房屋制冷能耗减少的更多。库拉什（Kulash）[106] 等人的模拟研究发现，与常规的路网布局相比，传统社区发展模式的循环路网可以减少 57% 的交通出行量，但是由于库拉什 [106] 的假设模型中出行频率是固定的，因此得出的结论适用性有限，并不能分析出其他出行频率下的交通出行量。可以看出，模拟研究的目的并不是解释行为，而是提出与出行行为相关的假设，然后应用这些假设去改变模拟的情景，进而观察研究所产生的结果，这对于提出优化建议具有借鉴意义。

2. 统计分析

与比较分析类似，统计分析也是针对观察到的真实对象进行研究，分析过程不仅描述不同建成环境下的生活能耗情况，还试图解释各影响因素间的关系，以及各种变量对能耗的影响程度，这更有助于理解建成环境对生活能耗的影响，最常用的统计分析方法为回归分析 [107]。与模拟分析相比，统计分析可以依据各影响因素产生的变化计算出生活能耗的变化，是一种动态的分析，具有预测功能，研究所采用的方法可以用不同的建成环境数据进行检验，这也增强了研究的适用性。

赫斯特（Hirst）[108] 用最小二乘法（OLS）分析了美国中期能源消费调查数据，结果显示，影响住宅能耗的关键因素是住宅楼面面积，不同建筑类型的单位面积能耗有巨大差异。霍尔顿（Holden）[69] 利用他们的调研数据，通过多元线性回归分析发现，挪威奥斯陆市不同住宅类型的能源使用量有巨大差异，但是当采用了新的建筑节能规范后，单户住宅和多户住宅的能耗使用差异会缩小。克拉克（Clark）[109] 针对美国菲尼克斯市评估了包括植树可以降低制冷能耗在内的不同节能方式的效果，他们利用回归分析发现，虽然树木对减少能耗有效，但是效果并不显著。多诺万（Donovan）[110] 等人基于美国萨克拉门托地区 460 户家庭数据，检测了不同树木布局与树木覆盖规模对住宅能耗的影响，利用回归模型分析发现，树木种植在房屋西侧和南侧能显著减少夏季用电量，但是若种植在房屋北侧反而会增加用电量，这可能是由于树木种植在房屋北侧会影响室内通风，同时又增加了房屋的照明需求。刘（Liu）[13] 基于 2001 年美国家庭出行调研数据，分析了美国巴尔的摩大都市区建成环境特征对家庭交通出行和交通能耗的影响，回归分析结果显示，在控制了家庭收入、性别、年龄等影响因素的情况下，目的地可达性比其他建成环境要素对交通能耗的影响都要显著。霍尔茨克劳（Holtzclaw）[111]基于 1990 年美国人口和住房普查以及加利福尼亚州 28 个社区的烟雾检测仪读取的数据，分析了城市建成环境对汽车使用以及交通出行的影响，分析结果显示，密度增加一个百分点，每个家庭汽车拥有量和每个家庭总的汽车行驶里程会减少 25%，但是改变行人设施可达性的程度或者改变社区购物的便捷性，并不会对出行行为产生重要的影响。霍尔茨克劳[111]的研究强调了各变量间的相关性，最终结果虽然分析了汽车拥有量和交通出行里程如何随着各因素的变化而产生变化，但是并没有在两者间建立起因果关系。

1.3.4　既有研究对本书的启示

1. 基于时间地理学搭建理论架构

时间地理学理论强调将时间和空间相结合，分析居民在时空间内连续的生活行为，关注能够对居民生活行为产生制约的客观和主观因素，侧重居民生活行为与城市空间结构的关系，寻求分析结果在城市规划建设中的应用。就本研究而言，时间地理学的核心思想为揭示建成环境对生活能耗影响研究提供了新范式。由于生活能耗是因生活行为而产生的，与生活行为是衍生关系，所以，借助时间地理学可以搭建起城市建成环境对生活能耗影响研究的理论架构。具体而言，时间地理学理论对本研究的启示体现在以下三个方面。

第一，建立时空结合观念。针对建成环境的时空间分析，应该在选取社区样本时，充分考虑社区的建成时间、位置分布、社区内建成环境特征等的差异，选取的样本应包含各种类型。针对生活能耗的时空间分析，在调研居民生活用能时，应获取某一段时间的连续用能数据，以便动态描述和解释居民日常生活用能行为。就住宅能耗而言，可以以年为周期进行调研；就交通出行而言，可以以周或者月为周期进行调研。

第二，透过生活行为揭示客观和主观制约因素对生活能耗的影响。将生活行为附加衍生关系得到生活能耗，同时，在生活能耗与客观和主观因素之间搭建逻辑关联，并以此关联形成本研究的理论架构。其中，生活能耗包括住宅能耗和交通出行能耗，分别由室内用能行为和室外出行行为产生。客观因素包括建成环境、家庭和个人的社会经济特征，主观因素包括个人的生活方式和节能意识。基于该理论架构，可以通过微观个体透视社会群体的用能行为，分析各种客观和主观因素对生活能耗的影响，尤其重点研究建成环境对生活能耗影响存在的规律特征。

第三，分析结果的规划应用。基于建成环境对生活能耗影响的途径、方向和程度，可以精准规划建成环境各构成要素，以便最大程度引导居民做出降低生活能耗的行为。就住宅能耗而言，通过确定合理的开发强度，减少热岛效应对用能行为的影响。就交通出行能耗而言，通过合理的土地混合利用和道路设计，减少出行距离和交通拥挤度，引导居民低碳出行。

2. 基于计量经济学构建分析模型

计量经济学理论核心思想是，基于对经济活动的观察，运用统计分析工具，通过构建分析模型，得出不同经济变量之间的量化关系。本研究可以借鉴计量经济学研究的核心思想，基于对居民生活用能行为的观察，获取生活能耗数据，通过构建包含客观和主观影响因素的生活能耗分析模型，运用统计分析，揭示各因素对生活能耗的影响。具体而言，计量经济学理论对本研究的启示体现在以下三个方面。

第一，建立建成环境对生活能耗影响的分析模型。计量经济学作为一种揭示各种变量之间关系的理论，本研究可以依托其构建生活能耗分析模型。基于时间地理学搭建的理论架构，研究首先需要提出能够影响生活能耗的客观和主观因素。不同地区的建成环境、社会经济、人文制度等背景不同，所以就要进行针对特定区域的研究，结合实际，提出能够影响生活能耗的因素，以免用无关变量导入模型而降低分析结果的准确性。其次依托计量经济学理论，利用选取的影响因素构建量化分析模型。从这个角度看，计量经济学更像是时间地理学的研究方法。

第二，量化揭示客观和主观制约因素对生活能耗的影响程度。分析模型确定后，求解各因素对生活能耗的影响便成为水到渠成之事。利用统计分析的方法，可以估算各变量的系数，根据系数的正负值和绝对值，可以实证检验其对生活能耗的影响方向和程度。此外，统计分析可以依据各影响因素的变化估算出生活能耗的变化，属于一种动态分析，这与时间地理学强调个人生活行为的动态研究相契合。

第三，解读并预测建成环境对生活能耗的影响趋势。基于量化分析结果，可以总结出建成环境对生活能耗的影响机理和存在的规律特征。同时，结合现状的发展趋势，可以预测未来建成环境对生活能耗的影响情况。但计量经济学的局限性对本研究的启示为：构建模型时选取变量不能遗漏重要的影响因素，否则预测结果会存在较大的偏差。

3. 基于城市生态学提出规划引导措施

城市生态学强调以可持续发展为原则，根据生态学原理和系统论方法探讨城市内部结构与功能、生态调节机制，引导人类活动与城市环境协调发展。基于城市生态学的核心思想，本研究可以从建成环境与生活能耗关系入手，针对建成环境各要素，在可持续发展理念下，系统分析有利于降低生活能耗的建成环境各要素规划引导措施。

本研究基于量化分析结果，可以得出建成环境各变量对生活能耗的影响方向，这对于指导建成环境优化具有重要的意义。以可持续发展为原则，针对各要素的规划设计，应该从降低热岛效应、提高可达性、促进低碳出行等角度出发。以系统论方法为基础，针对建成环境各要素的优化，应该采取从局部到整体的策略，逐步探讨和递推演算居住区开发强度、土地混合利用程度和路网密度，进而提出有利于降低居民生活能耗的建成环境规划引导措施，使城市在日常运转的过程中，能源消耗能够保持在较低的水平。

4. 明确变量选取视角为居民时空间行为

由计量经济学对本研究的启示得知，选取合适的变量是构建合理分析模型的关键。关于建成环境的变量选取，既往研究已经从城市多个层面分析了各要素与生活能耗的关系，包括从住宅建筑、开敞空间、土地开发强度和居住区空间布局，分析其对住宅能耗的影响，从"5D维度"，即密度（Density）、多样性（Diversity）、设计（Design）、目的地可达性（Destination Accessibility）、与公交设施距离（Distance to transit），分析其对交通出行能耗的影响。这些要素与本研究从居民生活视角下对建成环境构成要素的分析相吻合，故具有较强的借鉴意义。

但是，由于计量经济学构建的模型，建成环境对生活能耗的影响结论都是在特定环境下提出的，因此当研究对象改变后，相同的建成环境指标得出的结论可能存在差别。如建筑密度对住宅能耗的影响就存在着争议。关于建成环境对生活能耗，尤其是住宅能耗影响的研究案例多是欧美城市，我国居住区与国外差别很大，最主要的区别表现为开发强度明显不同。因此，建筑密度、地表覆盖物以及树木等因素对我国住宅能耗的影响状况，还需要通过实证分析进一步验证。除居住区外，我国城市的空间特征与国外也存在差异。例如，美国城市空间布局相对分散，城市扁平化程度较高，而我国城市空间布局则相对集中。因此，分析建成环境对交通出行能耗的影响时，还需要结合我国城市特征选取合适的变量。

此外，影响生活能耗的因素并非仅有建成环境，还包括其他客观和主观因素。关于这些变量的选取，现有研究还存在欠缺，例如，居民日常生活中对待节能的态度容易被忽略。因此，本研究认为，既然是分析生活能耗，且生活能耗是因生活行为而产生，那么在选取变量时，就应该围绕居民的时空间行为展开，选取可以影响居民用能行为的客观和主观因素。

5.明确数据获取途径为入户调研和指标测度

由计量经济学理论的实践应用得知，利用分析模型研究离不开高质量的数据，对于实证分析而言，数据的来源和真实性决定了分析结果的可靠性。而数据的来源和真实性是密切相关的，来源决定了数据的精确性、真实性和可靠性。

就本研究而言，分析的数据涉及生活能耗、建成环境，以及其他能够影响生活能耗的因素。其中，既有研究关于生活能耗数据获取途径包括文献和统计资料数据、调研数据和模拟估算数据。与其他来源相比，基于调研获取的生活能耗数据具有较高的客观性和真实性，并且在调研的过程中，方便获取其他能够影响生活能耗因素的数据，因此更适用于实证研究。

既有研究关于建成环境数据获取途径包括形态测度、指标测度、现场测绘、文献资料和定性测度。与其他来源相比，基于指标测度获取的建成环境数据具有较高的精确性、真实性和可靠性，通过定量计算和现场调研，可以较好地获取城市建成环境中观和微观层面的研究数据，所以更适用于本研究。

此外，就数据类型而言，与面板数据和时间序列数据等其他类型数据相比，截面数据更适用于观察居民生活用能行为，且其收集相对容易，分析结果预测误差较小。因此，本研究采用截面数据。

6. 将统计分析与模拟分析有机结合

既有关于建成环境对生活能耗影响研究涉及的方法包括统计分析、模拟分析等，每一种研究方法均有其利弊。在实际分析过程中，应该将这两种方法有机结合，根据不同的研究内容，选择合适的分析方法。

本研究的核心内容为建成环境对生活能耗的影响，在此基础上，提出建成环境的优化引导措施。其中，建成环境对生活能耗的影响研究，可以运用统计分析方法。借助统计分析，可以有效解释建成环境各变量对生活能耗的影响方向和程度。此外，因为模拟分析整个过程是基于设定的条件而展开的，所以该方法对于提出优化建议具有借鉴意义。关于提出建成环境引导措施部分，可以借助模拟分析比较不同建成环境条件下能耗的差异，进而提出可靠的规划引导措施，同时，模拟分析结果也可以起到检验统计分析的作用。

LOW-CARBON CITY

第2章　建成环境对生活能耗影响的研究设计

基于本书第1章对相关理论和既有文献的梳理，本章从理论架构与思路框架、分析模型与变量、样本选取、数据获取等方面对建成环境对生活能耗影响研究进行设计，为本书的实证研究奠定逻辑基础。

2.1　建成环境对生活能耗影响研究的理论架构与思路框架

时间地理学强调透过居民生活行为理解城市空间结构，本研究在此基础上附加了生活行为的衍生关系，搭建了建成环境对生活能耗影响研究的理论架构。同时，时间地理学强调由描述分析到机理解释的过程，基于此，本书确立了建成环境对生活能耗影响研究的思路框架。

2.1.1　基于"环境—行为—能耗"三者逻辑关系的理论架构搭建

早期的城乡规划学研究重点主要集中在城市的物质层面，如空间布局、土地利用、路网设计等，随着城市问题不断涌现，城乡规划学的研究重点慢慢转向城市建成环境与人们生活能耗的关联。学科领域的研究视角由静态的城市物质空间转向动态的社会空间、由城市功能空间转向人的行为空间。

城市建成环境与居民生活能耗的关系较为复杂，建成环境并非直接对生活能耗产生影响，而是通过居民日常生活行为与之产生关联。从本书第1章对生活能耗和建成环境的概念可以看出，直接或间接影响生活能耗的因素包括个人行为、社会经济、建成环境等，影响建成环境形成的因素包括自然、经济、人口等，建成环境的构成要素又与居民生活密切相关。因此，本研究在自然社会背景下梳理了建成环境与居民生活能耗存在的逻辑关联，基于环境—行为—能耗三者的逻辑关系，搭建了本研究的理论架构，如图 2-1 所示。

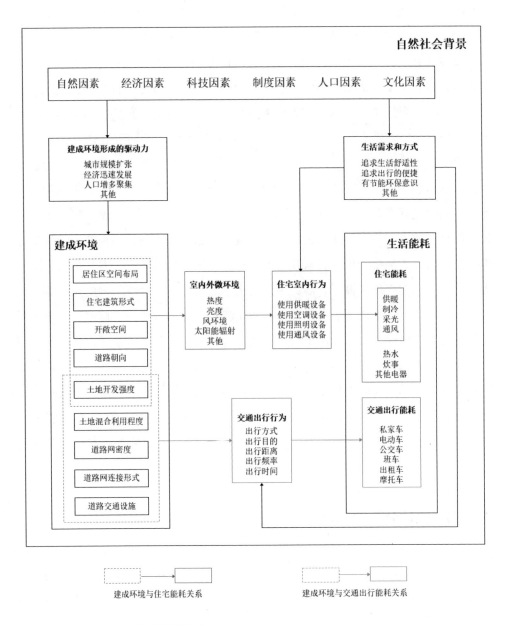

图 2-1　建成环境与生活能耗的逻辑关联

建成环境对住宅能耗的影响，主要是通过作用于住宅所在位置的微环境而进行的。例如，室内的热交换和亮度，室外的太阳能辐射、风能和热岛效应等，当室内外微环境改变后，居民会对居住的舒适性做出反应，进而在供热、制冷、采光、通风等方面产生能耗。其中，居住区空间布局如楼间距、建筑朝向等，会影响到住宅对太阳能和风能的利用。土地开发强度与热岛效应有着紧密的联系，一般开发强度越大，局部的热岛效应越明显。不同住宅类型的体形系数存在差别，而这能直接决定住宅室内的蓄热性能。道路朝向也在一定程度上与住宅周围通风环境有关。此外，绿地、广场、水系等不同类型的开敞空间也能够改变住宅室外热环境。建成环境对住宅能耗的影响，往往是建成环境多个要素共同作用的结果。

建成环境对交通出行能耗的影响，主要是通过作用于居民日常出行行为而产生，这些行为包括出行方式、出行距离、出行目的以及出行频率等，不同的出行行为会使得交通工具产生不同程度的交通出行能耗。例如，高密度开发区域的人口密度相对较大，为了方便居民出行，一般人口密度较大的区域公交设施相对完善，便于居民选择公交出行，与开车出行相比，公交出行能耗相对较低。当城市内土地混合利用程度提高后，居民为满足上学、购物、医疗等目的的出行距离减少，而这种情况下会鼓励居民采用步行和骑自行车的方式出行，同时，由于各类设施的可达性增强，居民一次出行可以达成多种目的，从而降低了出行频率。当居住地点与工作地点的距离较近时，居民也会因为出行距离变短而明显降低通勤出行能耗。相反，当城市各功能用地布局相对分散、土地混合利用程度较低时，会因为出行距离的增加，在一定程度上刺激私家车的使用。此外，路网系统越完善，道路连接性越好，可供居民选择的出行线路就会越多，路网系统同样会影响居民的出行方式、出行距离和出行时间，进而影响交通出行能耗。

2.1.2　统计分析的思路框架确立

为了详细揭示城市建成环境对居民生活能耗的影响，首先，需要分析当下建成环境和生活能耗的特征。基于本书搭建的理论架构，建成环境的空间布局、土地利用、路网设计、住宅建筑和开敞空间要素与生活能耗存在关联，故本研究将从这五个方面进行分析。同时，研究还将基于入户调研获取的信息，在时空间行为视角下分析居民住宅能耗和交通出行能耗。

其次，为了系统揭示建成环境各要素对居民个人用能行为的影响机制，研究将借助统计分析模型，分析建成环境对住宅和交通出行能耗的影响。遵循从整体到局部、由一般到特殊的思路对住宅能耗的影响分析包括总体住宅能耗、不同类型住宅能耗和不同时期住宅能耗，对交通出行能耗的影响分析包括交通总出行能耗、不同出行目的能耗和不同出行方式能耗。建成环境对生活能耗影响的实证研究思路框架如图2-2所示。

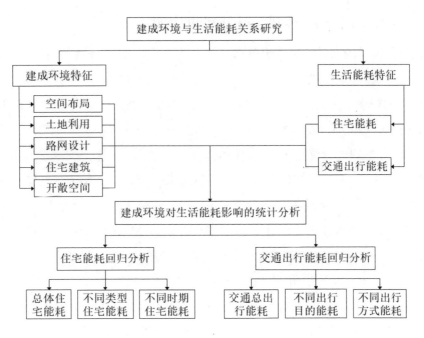

图2-2 实证研究思路框架

2.2 建成环境对生活能耗影响研究的分析模型与变量

狭义上的计量经济学，说到底就是回归分析[112]。回归分析属于统计分析中的一种方法，是指对设定好的分析模型，通过选取分析样本，获取观测数据，采用最小二乘法估算模型参数，并进行严格检验，最后得到分析样本的回归函数。根据回归分析的原理，本研究可利用其揭示建成环境对生活能耗的影响。在确定了回归分析模型之后，还需要选取合适的变量。由于本研究通过各影响因素的数据来检验建成环境和能耗间的关系，所以影响因素的选取应该在时空间行为视角下进行。

2.2.1 计量经济学下回归分析模型的构建

计量经济学的方法论是基于逻辑实证主义发展起来的，检验是逻辑实证主义最显著的特征。狭义上的计量经济学模型就是回归分析模型，它首先遵循对个体、偶然现象的观察，其次抽象观察结果，提出普遍、一般的研究假说，然后利用回归分析方法检验其提出的研究假说，最后根据量化分析结果发现观察对象所存在的普遍规律，回归分析模型包含设定和检验两部分内容。其中，设定模型主要是指：观察经济活动——提出经济理论假说——建立回归分析模型，整个过程基于一定的前提假设，通过经济活动的观察导出理论假说，并将其形成分析模型，属于演绎的逻辑形式；而检验模型主要是指：获取研究样本数据——估算模型参数——检验模型合理性——解释经济活动现象，整个过程基于样本数据，通过回归分析结果对原假说进行判断，属于归纳的逻辑形式。

本研究重点是揭示建成环境对生活能耗的影响关系，以计量经济学为理论基础，构建分析建成环境对生活能耗影响的回归分析模型，可以在控制了其他变量的情况下，量化分析建成环境各指标对生活能耗的影响情况。基于回归分析模型的原理，本研究模型的建立同样包括设定模型和检验模型两部分内容。其中，模型的设定部分主要包括观察居民生活用能情况、提出建成环境对生活能耗影响的假说、建立居民生活能耗分析模型，这部分内容的关键是选取合适的影响因素，确定分析模型的表达形式，以及选取合理的研究样本。模型的检验部分主要包括获取居民生活能耗数据、估算回归分析模型各变量的系数、检验模型的合理有效性、解释各变量对生活能耗的影响，这部分内容的关键是获取真实可靠的研究数据，以及利用回归模型系统分析建成环境对生活能耗的影响。

2.2.2　时空间行为下多维度变量的选取

在确定了回归分析模型的基础上，研究首先需要确定模型的因变量（Dependent variable）和自变量（Independent variable）①。就本研究而言，因变量是指居民生活能耗，包括住宅能耗和交通出行能耗，自变量是可以影响居民生活能耗的客观和主观因素。对于回归分析而言，自变量考虑得越周全，分析结果的可靠性就越高，即居民生活能耗影响因素的合理确定，是构建合理模型，得到可靠分析结果的关键。

近年来，受到低碳城市、可持续发展等理念的影响，建成环境与居民生活能耗关系的研究层出不穷。通过梳理既有研究文献，相关研究自变量的种类大致可以分为三类。

第一类也是早期的研究中常用的，学者们往往只关注建成环境本身对能耗的影响，而并未考虑其他因素。例如，瑟奇（Serge）[113] 在分析建成环境对住宅能耗的影响时，只是将街区形式作为能耗的影响因素，通过比较不同的街区环境分析了住宅能耗存在的差异。此外，纽曼（Newman）[67] 基于城市密度这一影响因素分析了其对汽油消耗的影响。但是，随后就有很多学者对此类研究持有很大的质疑。例如，戈登（Gordon）[114] 的研究曾指出，由于不同地区社会文化、经济、政治等环境的差别，居民的生活方式在不同环境下肯定会存在差异，因此不应该只考虑建成环境单一因素对能耗的影响，还应将生活方式考虑到其中。

于是，第二类在第一类基础上加入了家庭特征这一影响因素。第二类的研究认为建成环境和家庭特征共同影响着居民生活能耗。家庭特征主要通过家庭人口、受教育程度以及家庭收入状况等社会经济条件来反映。大量研究已经表明，居民生活能耗与家庭社会经济特征间存在着明显的关联。例如，柯（Ko）和拉德克

---

① 作用于其他事物的变量，即表示原因的变量是自变量，而由于自变量的作用而产生结果的变量是因变量。

（Radke）[41] 对美国萨克拉门托地区家庭制冷能耗的研究指出，家庭受教育程度越高，夏季制冷能耗则越低。尤因（Ewing）和龙（Rong）[12] 对美国住宅能耗研究发现，随着家庭收入的提高能源使用量明显增加。此外，刘（Liu）[13] 的研究中指出，家庭收入与交通出行能耗呈显著正相关。苏（Su）[115] 关于美国都市区家庭汽油消耗的研究发现，当家庭收入提高10％时，汽油消耗量会增加2.3％。

近些年来，学者们在进行相关研究时，又将居民生活态度（Attitude）这一影响因素加入了分析模型。他们认为，影响居民生活能耗的因素不仅包括建成环境和家庭特征，生活态度也在其中扮演着重要的角色，甚至有学者认为，生活能耗的产生归根结底是由于个人态度偏好的缘故[116]。现有研究中，衡量居民生活态度的指标包括节约用电意识、住房类型的选择、使用出行工具偏好等[117]。亚伯拉罕（Abrahamse）[118] 基于调研收集到的数据，分析了具有节能倾向的家庭能耗使用情况，结果显示，具有节能态度的家庭可以显著减少家庭能耗。然而，杨阳[78] 曾利用家庭出行偏好和节能意识偏好变量，分析济南市居住区建成环境对交通出行能耗的影响，研究结果却显示，此类变量与出行能耗的相关性较弱。

研究认为，从生活能耗的形成机理出发，各种因素对生活能耗的影响是通过居民生活行为实现的，因此，研究变量的选取应该在居民时空间行为视角下展开。时空间行为研究同时强调家庭和个人因素对生活行为的影响。就家庭因素而言，可以用家庭社会经济特征表示，包括家庭收入、常住人口等。就个人因素而言，体现在居民个人生活方式和居民节能态度两方面，其中，居民个人生活方式可以用个人日常生活习惯、个人职业等衡量，居民节能态度包括节约用电意识、出行偏好等。

因此，基于现有文献，同时结合时空间行为分析视角，本研究将从城市建成环境、家庭社会经济特征、居民个人生活方式、居民节能态度四个方面，选取生活能耗分析模型的研究变量，并在此基础上，分别构建居民住宅能耗分析模型和居民交通出行能耗分析模型，如图2-3所示。

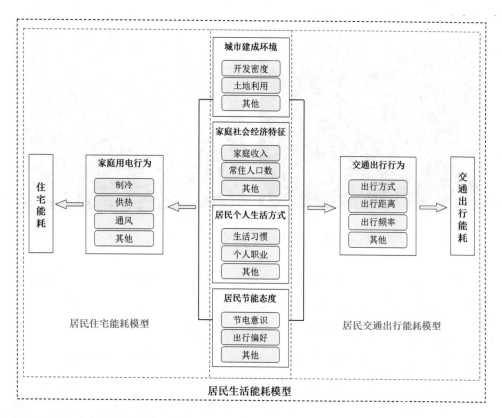

图 2-3　城市建成环境与居民生活能耗关系的理论模型

从图 2-3 可知，居民住宅能耗模型假定能耗是由家庭的用能行为（主要是用电）产生的，而家庭用能行为受到城市建成环境、家庭社会经济特征、居民个人生活方式和节能态度的影响。其中，城市建成环境参考现有文献主要包括住宅建筑、居住区空间布局、开敞空间、土地开发强度等。然而，这些建成环境因素大都是基于国外城市环境而提出的，由于人口密度、土地成本和发展阶段等诸多原因，我国城市建成环境与国外有很大的差别，如图 2-4 所示。

图 2-4　国外城市建成环境（左）与我国城市建成环境（右）对比示意

从图 2-4 中可以看出，左边的国外社区住宅类型多以单栋别墅（House）和公寓（Apartment）为主，开发密度和容积率相对较低，社区内多为低层住宅，并且住宅间距相对较大，户外有大片绿地和水系存在。而右边的我国社区则明显不同，住宅密度和容积率均相对较高，不仅住宅层数比国外社区高出很多，而且户外绿地空间和水系相对较少。因此，现有文献中部分因素对我国住宅能耗的影响情况，还需实证研究进一步验证。此外，本次研究中家庭社会经济特征、居民个人生活方式和节能态度方面的变量也会在现有文献的基础上，根据实际调研的情况进行调整。

居民交通出行能耗模型假定能耗是由交通出行行为产生的，而交通出行行为同样也受城市建成环境、家庭社会经济特征、居民个人生活方式和节能态度的影响。其中，城市建成环境参考现有文献主要包括密度、多样性、设计、目的地可达性、与公交设施距离五方面因素，即"5D 维度分析法"，本研究将借鉴此方法。家庭社会经济特征、居民个人生活方式和节能态度方面的变量同样也会参考现有文献，并结合实际调研进行设置。

关于居民住宅能耗模型的相关变量量化设计将在本书第 3 章进行详细说明，居民交通出行能耗模型的相关变量量化设计将在本书第 4 章进行详细说明，在此不再赘述。

2.2.3　由一般到特殊的回归分析模型表达与转化

在确定分析模型变量的基础上，还需要进一步确定回归模型的表达形式。居民住宅能耗模型和居民交通出行能耗模型，均可用回归分析模型的公式进行表达，其一般形式见式（2-1）。

$$Y = f\ (X_1, X_2, \cdots, X_k) + \varepsilon \tag{2-1}$$

式中，Y 表示模型的因变量，即被解释变量（Explained variable），就居民住宅能耗模型而言，其指的是住宅能耗，就居民交通出行能耗模型而言，其指的是交通出行能耗。X_1、X_2 直到 X_k 均表示自变量，即解释变量（Explanatory variable），就居民住宅能耗模型而言，其指的是住宅类型、开发密度、社区空间布局、家庭收入、家庭人口等，就居民交通出行能耗模型而言，其指的是密度、多样性、设计、目的地可达性、公交设施距离、家庭收入、职业背景等。公式中 ε 表示随机误差项（Random error term），ε 包含了除模型中自变量以外的其他所有可以影响因变量的因素。而 $f(.)$ 表示包含了各自变量的函数。回归方程是该函数最常用的具体形式，通常包含线性函数和指数函数两种形式。其中，线性函数形式的回归方程见式（2-2），该式中包含了自变量（X_1、$X_2 \cdots X_k$）、参数（β_0、β_1、$\beta_2 \cdots \beta_k$）、随机误差项（ε）以及因变量（Y）。而指数函数形式的回归方程见式（2-3），当对指数函数等号两侧同时取自然对数后，可转化得到指数函数形式的回归方程见式（2-4）。

$$Y = \beta_0 + \beta_1 X_1 + \beta_2 X_2 + \cdots + \beta_k X_k + \varepsilon \tag{2-2}$$

$$Y = \beta_0 X_1^{\beta_1} X_2^{\beta_2} \cdots X_k^{\beta_k} e^{\varepsilon} \tag{2-3}$$

$$\ln Y = \ln \beta_0 + \beta_1 \ln X_1 + \beta_2 \ln X_2 + \cdots + \beta_k \ln X_k + \varepsilon \tag{2-4}$$

在确定了函数方程的具体形式后，则需要利用数理统计方法对其参数如式（2-2）中的 β_0、β_1、$\beta_2 \cdots \beta_k$ 进行估算，这一过程也被称为回归分析过程，所以包含自变量（X_1、$X_2 \cdots X_k$）和因变量（Y）的函数也被称为回归方程。多元线性回归分析的基本原理是德国数学家高斯（Gauss）提出的最小二乘法（Ordinary least square），此方法基于最小化误差的平方和来估算方程中各参数，进而构建数据间最优的函数匹配。

按照计量经济学理论中从一般到特殊的范式，就本研究而言，由于居民生活能耗分析模型包括住宅能耗模型和交通出行能耗模型，因此，本节将分别对两个模型的公式进行介绍。

1. 居民住宅能耗模型的公式

$$E^H = f(J, F, P, A) + \varepsilon \qquad (2\text{-}5)$$

式中：E^H——住宅能耗；

$\quad\quad J$ —— 可以描述城市建成环境的各种变量；

$\quad\quad F$ —— 可以描述家庭社会经济特征的各种变量；

$\quad\quad P$ —— 可以描述居民个人生活方式特征的各种变量；

$\quad\quad A$ —— 可以描述居民节能态度的各种变量；

$\quad\quad \varepsilon$ —— 回归模型的随机误差项。

式（2-5）为本研究居民住宅能耗模型的一般回归方程形式。本研究在此基础上，分别构建了线性函数和指数函数的回归方程。其中，式（2-6）为居民住宅能耗模型线性函数形式的回归方程，方程中因变量和各自变量的下脚标 i 指的是基于第 i 个家庭的研究数据构建的方程，例如，E_i^H 指的是第 i 个家庭住宅能耗，以此类推，J_i、F_i、P_i、A_i 指的是第 i 个家庭所处的建成环境变量、家庭特征变量、个人特征和居民节能态度变量，各参数 β_0、β_1、β_2、β_3、β_4 是回归方程系数，为回归方程的随机误差项。式（2-7）为居民住宅能耗模型的指数函数形式，通过对指数函数等式两边同时取自然对数，转化得到的回归方程见式（2-8）。需要说明的是，由于虚拟变量是对自变量的定性划分，对其取对数无实际意义，因此本研究只对数值大于零的非虚拟变量取自然对数。式（2-6）和式（2-8）分别为两种不同的形式，所以两个方程中自变量系数表示的含义有所差别，式（2-8）自变量的系数不受单位量纲的限制，体现了因变量与自变量的百分比关系。

$$E_i^{H} = \beta_0 + \beta_1 J_i + \beta_2 F_i + \beta_3 P_i + \beta_4 A_i + \varepsilon_i \tag{2-6}$$

$$E_i^{H} = \beta_0 J_i^{\beta_1} F_i^{\beta_2} P_i^{\beta_3} A_i^{\beta_4} e^{\varepsilon_i} \tag{2-7}$$

$$\ln E_i^{H} = \beta_0 + \beta_1 \ln J_i + \beta_2 \ln F_i + \beta_3 \ln P_i + \beta_4 \ln A_i + \varepsilon_i \tag{2-8}$$

2. 居民交通出行能耗模型的公式

$$E^{T} = f(J, F, P, A) + \varepsilon \tag{2-9}$$

式中：E^{T} —— 居民单次出行平均能耗；

　　　J —— 可以描述城市建成环境的各种变量；

　　　F —— 可以描述家庭社会经济特征的各种变量；

　　　P —— 可以描述居民个人生活方式特征的各种变量；

　　　A —— 可以描述居民节能态度的各种变量；

　　　ε —— 回归模型的随机误差项。

与居民住宅能耗模型的公式类似，式（2-9）是本次研究居民交通出行能耗模型的一般回归方程形式。同样，研究构建了线性函数和指数函数的回归方程，分别见式（2-10）和式（2-11）。方程中各参数 β_0、β_1、β_2、β_3、β_4 以及各变量的下脚标 i 的含义，也都与居民住宅能耗模型方程中的含义相同。但是，由于交通出行能耗有出现零值的可能，而指数函数取值范围要永远大于零，因此需要对其指数函数做数据转化，即在等式左边加设常数项"+ 1"，见式（2-11）。对居民交通出行能耗模型的指数函数等式两边同时取自然对数后，转化得到回归方程见式（2-12）。

$$E_i^{T} = \beta_0 + \beta_1 J_i + \beta_2 F_i + \beta_3 P_i + \beta_4 A_i + \varepsilon_i \tag{2-10}$$

$$(E_i^{T} + 1) = e^{\beta_0' + \beta_1' J_i + \beta_2' F_i + \beta_3' P_i + \beta_4' A_i + \varepsilon_i'} \tag{2-11}$$

$$\ln(E_i^{T} + 1) = \beta_0' + \beta_1' J_i + \beta_2' F_i + \beta_3' P_i + \beta_4' A_i + \varepsilon_i' \tag{2-12}$$

在研究过程中发现，当变量个数相同时，研究模型指数函数形式的回归方程拟合度 (R^2)①均优于线性函数形式的回归方程。此外，线性函数方程主要是为了检验自变量对因变量的正向或负向关系，但是会受到变量量纲的影响，为进一步发现自变量对因变量的弹性影响系数，需要用双对数模型。故在本书第 3 章和第 4 章的分析过程中，只展示了等式两边同时取对数后指数函数形式回归方程的分析结果。本次研究回归分析使用的程序软件为 SPSS Statistics 21.0 for Windows。

2.2.4 基于多重共线性、异方差和内生性的回归分析模型基本假设

基于本书第 1 章对计量经济学理论的总结得知该理论有其局限性。为了使回归分析的结果误差最小，多元线性回归模型需要避免多重共线性、异方差以及内生性等问题的发生 [119]。

首先，多重共线性是指模型中各自变量由于具有相同属性使其相互间存在显著相关关系，它会导致参数估算值失去合理性，使得分析结果失去意义。针对这一问题，本研究将运用方差膨胀因子法（Variance inflation factor）对模型进行检验。如果各模型中自变量的方差膨胀因子小于 10，则表明该自变量与其他变量之间不存在多重共线性。

其次，异方差是指模型中随机误差项具有不同的方差，这样就会导致在进行回归分析时无法得到有效的参数估算数值，此外，当模型中出现异方差时还会导致整个模型不再具备预测功能。由于本研究已经对研究模型的指数函数等式做了自然对数变换，压缩了自变量的变化尺度，这将会大幅度降低异方差问题出现的可能性，所以本研究假设不会产生异方差问题。

最后，内生性是指模型中一个或多个自变量与随机误差项之间存在相关性，干扰了分析结果。就本研究而言，自变量的种类是基于现有文献和围绕居民生活方式而确定的，并没有遗漏重要的解释变量，此外，所有自变量均为外生变量，即变量是在模型外部确定产生然后导入分析模型的，它只会对分析模型产生影响，并不受分析模型本身的影响，与随机误差项之间不会存在相关性，所以本研究同样假设不会产生内生性问题。

---

① 拟合度指的是模型预测结果与实际发生情况的吻合程度，拟合度越高说明模型的解释性越强。

2.3　建成环境对生活能耗影响研究的样本选取

由回归分析模型的特点得知，研究数据的合理性影响分析结果的可靠性，而数据的合理性是由研究样本所决定的，因此，透过能耗分析环境的角度来看，样本的选取应该能充分代表建成环境特征，并且能充分体现居民时空间的生活用能行为。从宏观到微观，本研究首先分析了案例城市的典型性和代表性，其次从类型多样和适于量化分析视角选取了社区样本，再次从类型全面和时空间分布均匀视角选取了住宅样本，最后从交通发生和吸引视角选取了出行样本。

2.3.1　案例城市气候特征典型性和建成环境代表性分析

本研究的案例城市位于我国长三角城市群，以宁波市为研究对象，其典型性和代表性主要体现在以下四个方面。

第一，气候特征具有典型性。

按照《民用建筑设计通则》对我国不同地区气候区划分，宁波市属于夏热冬冷地区。城市气候多样性较为明显，全年 1 月份温度最低，平均日气温为 4.9℃，7 月份温度最高，每日平均气温为 28.1℃，气候平均数据如图 2-5 所示。宁波市四季分明，春、秋两季时长各两个月，夏、冬两季时长各四个月，且伴随有明显的季风交替现象。此外，作为夏热冬冷地区的城市，宁波市建筑设计、材质等标准均与其他地区有所不同。其中，夏季建筑需满足防热和通风降温的要求，冬季建筑应起到防寒的作用，各阶段的规划设计还会考虑自然通风、防潮、防高温等要求。因此，本书以宁波市为例，研究结果既可以为夏热冬冷地区提供参考，又可以与其他地区相关研究形成对比。

月份	1月	2月	3月	4月	5月	6月	7月	8月	9月	10月	11月	12月	全年
历史最高温（℃）	24.4	29.3	34.0	34.5	36.3	38.0	39.0	39.5	38.8	34.5	31.0	27.0	39.5
平均高温（℃）	8.8	10.1	13.6	20.0	24.6	28.0	32.6	31.9	27.6	23.0	17.6	12.0	20.8
每日平均气温（℃）	4.9	6.0	9.5	15.2	20.2	24.0	28.1	27.8	23.7	18.7	13.0	7.2	16.5
平均低温（℃）	1.8	3.0	6.2	11.4	16.7	21.0	24.8	24.7	20.8	15.3	9.3	3.6	13.2
历史最低温（℃）	-8.8	-7.2	-3.7	-0.2	7.4	12.7	18.2	18.4	11.0	1.1	-3.7	-8.5	-8.8
平均降水量（mm）	66.8	75.3	127.8	115.3	130.5	204.2	176.9	165.9	174.8	89.4	66.4	49.3	1443.1
平均降水日数	12.6	12.3	16.9	15.3	14.7	16.4	13.1	14.5	14.1	10.3	8.9	8.5	157.6
平均相对湿度（%）	76	78	80	81	82	86	83	83	83	80	77	75	80
每月平均日照时数	123.7	108.4	121.7	142.4	156.7	147.8	243.8	238.0	171.5	166.5	143.4	146.1	1910.4

图 2-5　宁波市气候平均数据　（资料来源：中国气象局公共气象服务中心气候资源数据库）

第二，城市冬季无集中供暖。

目前，我国家庭冬季采暖分为集中供暖和非集中供暖两种，大致以秦岭—淮河一线为界。其中，秦岭—淮河以北的地区实施集中供暖政策，而秦岭—淮河以南的地区则无集中供暖。与秦岭—淮河以北的城市有所不同，宁波市在冬季无集中供暖，家庭采暖均依靠空调、电暖气等家电设备。因此，住宅能耗的计算方式与有集中供暖的家庭存在差别，家庭用电量对于能耗的体现性更强。以宁波市为案例研究建成环境对住宅能耗的影响结果，既可以为冬季无供暖地区提供参考，又可以与冬季有集中供暖地区相关研究形成对比。

第三，建成环境具有代表性。

从居住区开发强度看，宁波市近几年住宅建筑开发强度普遍偏高。从住宅建筑特征来看，宁波市住宅类型主要包括别墅和单元式住宅两大类，别墅类型包括独栋式和联排式，单元式住宅类型包括板式和塔式，住宅建筑高度可以分为底层、多层、中高层和高层四类，住宅建筑以单元式住宅为主，逐渐向高层单元式住宅发展。从路网布局来看，宁波市中心城区路网呈方格网加环路式，与我国其他平原地区同等规模城市路网格局类似。此外，居住区空间布局、土地利用方式等也与我国其他城市建成环境特征相似。

第四，社会经济等特征具有代表性。

宁波市隶属我国东部沿海城市，依据《宁波统计年鉴2016》[3] 得到的数据，自2011年起，宁波市人口规模呈逐年递增趋势，2015年总人口增长率为千分之4.78，而我国同期总人口增长率为千分之4.96[2]。此外，在新常态形势下，近几年宁波市经济处于平稳增长态势，截至 2015 年底，宁波市国内生产总值为 8003.61 亿元，较上一年增长 5.17%，人均生产总值是同年全国平均水平的 2.04 倍。

就交通出行而言，近年来宁波市机动车保有量呈逐年递增趋势，如图 2-6 所示。

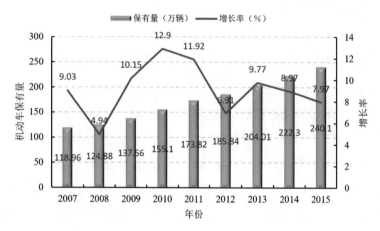

图 2-6　宁波市历年机动车保有量变化趋势

截至 2015 年底，机动车保有量为 240.1 万辆，较上一年增加 8%，其中宁波市区机动车保有量为 111.75 万辆，占全市机动车数量的 46.54%，宁波市市区私家车 77.68 万辆，与 2014 年相比，私家车数量增长 12.12 万辆，增幅达 18.49%，而我国同期私家车增长率为千分之 14.26[2]。此外，宁波市公交车数量和公交线路条数均呈现逐年递增的趋势。其中宁波市区 2015 年公交车总数为 4 727 实台①，比上一年增加了 211 台，合计 5 817.5 标台②，较上年分别增长 4.67%、5.97%。

就能源消费而言，宁波市用电量呈逐年增高的趋势，这与我国总体形势保持一致，2015 年宁波市用电量为 585.07 亿 kW·h，比上一年高出 8.29 亿 kW·h，涨幅为 1.44%，其中宁波市区用电量为 32.59 亿 kW·h，占全市用电量的 50.34%。此外，依据《2010—2013 年宁波能源利用报告》[120] 提供的数据，宁波市交通用能和各类汽车能耗呈逐年递增趋势，其中 2013 年汽车用能约占全市交通消耗的 91.6%。

---

① 实台指运营公交车实际数量。
② 标台指不同类型的营运公交车按统一的标准当量折算成的营运公交车数量。

基于以上的统计数据可以看出，宁波市正处在快速发展时期，这与我国整体社会经济特征相吻合，因此，选取宁波市为案例城市在我国具有代表性。针对宁波市居民生活能耗展开研究，并提出规划建议不仅有利于宁波市低碳城市建设，也可以为我国其他城市实现可持续发展提供借鉴与参考。

2.3.2　考虑类型多样、适于量化分析的社区样本选取

本研究所提出的社区指的是以生活设施为物质载体，可以满足具有共同价值和认同观念的居民参与社会活动的地域空间。依据社区的主要功能特征，可以将其分为不同的类型，例如居住社区、商业社区、工业社区、混合功能社区等。其中，居住社区是指以居住功能为主，并配建有完整的公共服务设施，由一定规模的人群聚居在一起，可以进行社会交往的地域共同体。本研究涉及的居住社区规模、管理机构等同于城市中现存的居住区，各社区包含有多个居住小区[①]。商业社区是指以商业服务设施为物质载体，可以满足社区内居民物质和精神生活需要，各种商业业态聚集的地域空间。工业社区是指以生产设施为物质载体，以工业生产为主要目标，在其空间范围内聚集了一定数量的企业，由企业职工和家属组成社会共同体。混合功能社区主要是指同时兼有不同功能的社区。需要说明的是，由于工业社区选址、厂房设计都有特殊要求，社区内能源消耗主要受工业生产的影响，与居民生活关系较小。所以本次研究只分析具有居住和商业功能的社区。

通过分析样本选取方法得知，社会科学类研究应尽量坚持客观的原则，对于本次研究，应尽量采用简单随机取样的方式选择社区样本，但是，在实际操作过程中此方法存在着诸多问题。首先，样本选取框架难建立。按照简单随机选取的思路，可以先借助 GIS 平台将宁波市中心城区划分成若干面积完全相等的方格网地块（例如 1 000m×1 000m），并对每个地块进行编号，然后利用随机数字表选取相应编号的地块作为社区样本。但是，通过这样的样本选取框架选出的社区，无法与现实中社区的边界完全重合，因此会导致一些城市形态指标（例如容积率、

---

① 依据《城市居住区规划设计标准》GB 50180—2018，居住小区是指被城市道路或自然分界线所围合，并与居住人口规模（10 000~15 000 人）相对应，培养一套能满足该区居民基本的物质与文化生活所需的公共服务设施的居住生活聚集地。

建筑密度、路网密度等）取值不准确，从而影响研究结果。其次，建立 GIS 方格网取样框架工作量大。为了保证选取的样本包含居住或商业功能，需要对全市所有的居住区和商业区进行摸底统计，同时为了避免无效样本，还需要对随机数字表的算法进行调整，在一定程度上也降低了简单随机取样的客观性。最后，样本调研任务难掌控。由于本研究住宅样本选取工作需要在社区样本的基础上进行，每个社区的住宅样本数量取决于社区住宅总量的多少，采用简单随机取样的方法不易控制所选社区内的住宅总量。若选取总量极低的社区，则不能充分体现家庭用能情况；若选取总量极高的社区，则无法完成住宅样本调研任务。综合考虑上述三点原因，笔者认为简单随机取样并不适用于本次研究。

为了能让选取的社区样本充分体现城市建成环境，且便于开展量化研究，基于对现状的了解，本研究决定采用目的取样的方法选取社区样本。社区样本的选择需要满足以下五点要求。

第一，社区样本应具备类型多样性，所选样本能充分体现城市建成环境。作为样本社区，应当在空间形态特征、土地使用功能、建筑结构样式、建造年代等方面具有典型性和代表性。就功能而言，社区类型应该包括居住类社区、商业类社区以及混合社区。其中，居住类社区要包含所有住宅类型，例如多层住宅、高层住宅和别墅等，商业类社区要包含各种商业类型，例如中央商务区（CBD）、商业街等。最终选取的社区样本应该可以覆盖城市各种类型建成环境。

第二，各社区样本空间分布应该均匀，与城市中心的距离要有差异。城市中不同区域的功能特征、发展方向、经济状况、建成年代等因素均有所差异，空间分布均匀地选取样本，能够使样本体现出建成环境的多样性。此外，城市中心的公共服务设施与郊区有所差异，沿市中心向外地选取样本，便于分析各社区样本内居民目的地可达性的差异。

第三，选取的社区样本边界应与交通小区边界一致。由于本研究需要以各交通小区为基本单元调研交通出行，将社区样本的范围边界与交通小区边界保持一致，可以方便获取各社区完整的交通出行信息，以便合理分析道路密度、土地利用多样性、公交设施可达性等建成环境要素对交通出行能耗的影响。依据研究需要，社区样本范围可以是单个交通小区，也可以是两个或者三个交通小区的组合。

第四，各社区样本应该具备数据可获取性和可靠性。所选社区样本通过地理信息系统（GIS）平台应该能够读取其建成环境信息，便于量化各社区的建成环境变量。对于居住类社区，应选取住宅总量适中、住宅类型多样的社区，方便进一步在其内部选取住宅样本进行入户调研，以便获取住宅、个人和家庭信息。

第五，居住类社区入住率应大于 80％，商业类社区商铺覆盖率应大于 95％。居民的入住率和商铺的覆盖率是选择样本的必要条件。较高的入住率可以间接反映出社区及其周边配套功能相对完善，土地利用相对稳定。较高的商铺覆盖率可以间接反映出社区及其周边服务设施相对成熟，在此类社区进行调研，获取的信息相对可靠。

基于以上五点要求，最终选取的社区样本空间分布如图 2-7 所示，各社区样本的基本信息和卫星影像图见表 2-1 和图 2-8。

图 2-7　社区样本空间分布

表 2-1　各社区样本基本信息统计

样本编号	社区名称	对应交通小区 ID	面积（km²）	居住人口	就业人口	与城市中心距离
C1	三江口老城区社区	1、2、3	1.40	13 688	53 360	极近
C2	南部商务区社区	216	0.76	5 174	20 015	远
C3	东部新城社区	167	1.35	1 417	36 021	中
C4	世纪东方综合体商圈社区	123、125	1.06	6 354	3 403	中
C5	高新区社区	151	1.08	2 613	23 954	远
C6	高塘社区	41、42	1.31	15 569	11 511	近
C7	鄞州居住社区	206	1.28	11 771	25 897	中
C8	洪塘社区	273	2.01	45 912	13 230	远
C9	东湖观邸社区	308	2.29	9 815	3 746	极远

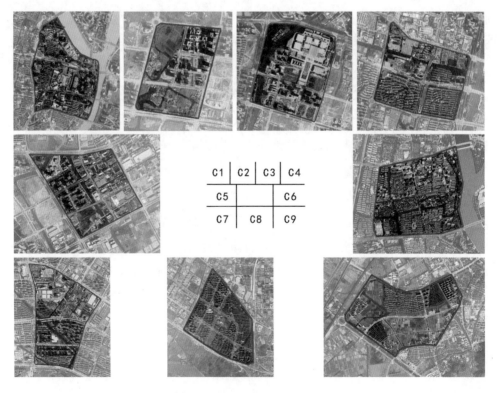

图 2-8　社区样本卫星影像　（资料来源：百度地图）

其中，三江口老城区社区位于宁波市姚江、甬江、奉化江三江汇合处西侧，此地是宁波城的发源地，也是该市的核心区域。整个社区开发强度大，人口密度高，以商业用地为主，包含宁波市较为典型的老城商业街区，同时，社区内还附带一些居住用地，包含屠园、开明等多个居住小区，住宅多为 20 世纪 90 年代所建。南部商务区社区位于市区南部，鄞州公园南侧，社区主要以商业用地为主，包括宁波市典型的中央商务区，社区就业密度较高。东部新城社区位于市区东侧，是宁波市东部新城的一部分，也是其最核心的部分，以商业功能为主，包括宁波国际金融中心等街区，社区土地混合利用程度和就业密度较高。世纪东方综合体商圈社区同样位于市区东侧，人口密度适中，同时包含商业用地与居住用地，属于混合型社区。其中，商业用地包括宁波市最典型的商业综合体街区，居住用地包括了光华城、江南春晓等多个居住小区，住宅建成年代多为 2000 年前后。高新区社区位于市区东部，浙江大学软件学院宁波分院南侧，社区为宁波市高新区的一部分，主要以商业与工业用地为主，包含宁波市较为典型的新兴科技园区，社区就业密度较高。高塘社区位于市区中部偏北方向，是宁波市典型的老居住社区，居住密度高，社区主要以居住用地为主，包括繁景花园、康桥风尚、丽晶国际等多个居住小区，各小区的住宅建成年代跨度较大，最早的住宅为 1980 年所建，住宅类型涵盖了多层板式住宅和独栋别墅等样式。鄞州居住社区位于市区南部，是宁波市最典型的新建居住社区，住宅多为 2010 年前后所建，居住密度适中，社区范围内的规划用地基本上以居住用地为主，适当配套有少量的商业用地，现有居住小区包括春江花城、盛世天城、四明春晓等，各小区的住宅类型以高层板式住宅为主，兼有部分中高层住宅。洪塘社区位于市区西北部，是宁波市最典型的新建城乡接合部社区，住宅同样多为 2010 年前后所建，居住密度较高，社区主要以居住用地为主，包括了宁沁家园、逸嘉新园、洪都花园等小区，住宅类型既有联排别墅又有多层和高层住宅。东湖观邸社区位于市区东南部，与市中心距离最远，是宁波市最典型的郊区别墅社区，居住密度较低，社区内住宅类型以联排别墅为主，兼有小部分多层和高层住宅，住宅建成年代多为 2010 年前后。

2.3.3　考虑类型全面、时空间分布均匀的住宅样本选取

在社区样本的基础上，本研究针对具有居住功能的社区进一步选取住宅样本。从客观角度出发，住宅样本的选取可以遵照简单随机取样的方法，即统计出社区样本内包含的住宅总户数，并将每一户家庭编号，然后依据随机数字表选取相应的家庭作为住宅样本。按照这样的方法选取样本仍存在诸多问题：首先，搜集社区样本内住宅总户数虽然可以完成，但工作量巨大；其次，假设完成总户数的统计工作，按照随机数字表选出的住宅样本并非都是可以进行调研的家庭，有些家庭可能暂时无人居住，因此会产生许多无效样本；最后，各社区样本所包含的住宅户数不同，社区内住宅建成年代、样式和各种住宅类型的比例均有所差异，按照简单随机取样选择的住宅，并不能全面地代表社区内住宅特征。故本研究不采用简单随机取样的方法选择住宅样本。

为了便于系统研究建成环境对住宅能耗的影响，住宅样本的选取应该包含各种类型，在建造时间和空间分布上，均具有典型性和代表性。基于此，研究发现通过分簇取样可以得到比较理想的住宅样本。

社区样本中具有居住功能的社区包括三江口老城区社区、世纪东方综合体商圈社区、高塘社区、鄞州居住社区、洪塘社区和东湖观邸社区，研究将以这些区所包含的居住小区为单位选取住宅样本，如图 2-9 所示。

图 2-9　居住小区划分以及住宅样本空间分布示意

首先，住宅样本的选取要考虑类型的全面性，包括住宅建筑的样式、面积、高度等，以保证选取的样本既具有典型性又可以涵盖社区所有的住宅特征。其次，住宅样本的选取要考虑建造时间和空间分布的均匀性。就建造时间而言，由于不同时期建造的住宅，保温性能、样式、外部环境等存在差异，所以住宅样本应该包含各个时期建造的住宅。就空间分布而言，水平方向应避免只选择沿主要道路两侧的住户进行调研，还要在其他方位的住宅楼内取样，垂直方向除了要选择首层和顶层的样本外，还可以将中间每四层算作一个区间选取住宅样本。最后，基于时空间行为视角，所选的样本应为连续入住一年以上的家庭。由于一年四季家庭用能有所差别，入住时间大于一年的家庭在进行调研时，可以获取其连续 12 个月的用电情况，该样本可以在时空间坐标系上动态反映居民的用能行为。

基于以上条件，按照简单随机取样的方法选取住宅样本。最后需要说明的是，如果遇到选取的样本无人居住或者拒绝配合调研，可以将其替换为最近的（如隔壁邻居）、与样本特征相同的住户。本研究预计选取 650 户住宅样本，调研结束后共收回 646 份问卷，其中 598 份是有效问卷，有效率为 92%。

基于调研问卷的统计分析，本次研究各社区内选取的住宅样本基本信息见表 2-2。

表 2-2　各社区样本内住宅样本基本信息统计

样本编号	社区类型	居住密度	样本数	建成年代	建筑样式	户均面积（m²）	户均人口
C1	商住混合	高	101	1978—1998	多层住宅 中高层住宅	64.8	3
C4	商住混合	中	90	1997—2002	多层住宅 中高层住宅 别墅	121.3	3.4
C6	居住	高	171	1980—2009	多层住宅 中高层住宅 高层住宅 别墅	119.1	2.9

续表 2-2

样本编号	社区类型	居住密度	样本数	建成年代	建筑样式	户均面积（m²）	户均人口
C7	商住混合	中	69	2006—2011	多层住宅 中高层住宅 高层住宅	121.6	3.2
C8	居住	高	158	2005—2013	多层住宅 中高层住宅 高层住宅 别墅	91.5	3.1
C9	居住	低	57	2007—2012	多层住宅 高层住宅 别墅	286.6	3.3

从表中可以看出，各社区内住宅样本量多少与其居住密度相关。户均面积方面，由于三江口老城区社区（C1）住宅建设年代早，与后来开发建设的住宅相比套型普遍偏小。洪塘社区（C8）属于城乡接合部社区，部分小区开发需满足回迁房建设的要求，因此与普通商品房开发模式相比，住宅套型相对较小。而东湖观邸社区（C9）属于郊区别墅社区，以别墅类型的住宅为主，只有少量的多层和高层住宅，因此社区内住宅户均面积远高于其他社区。户均人口方面，各社区样本变化不大，均保持在 3 人左右。

此外，通过分析各社区样本现状特征不难发现，受到土地价格、人口密度以及建设年代等诸多方面的影响，各社区样本内户均面积随距离市中心的远近呈规律性变化，即距离市中心越近，社区户均面积越小，反之亦然。需要说明的是，由于洪塘社区存在部分回迁住房，与其他社区相比有其特殊性，所以该社区虽然距离市中心较远，但户均面积仍然相对较小。与此同时，住宅类型随空间分布也呈现规律性变化，中心城区内部多层、中高层、高层住宅相对较多，外部别墅住宅相对较多。

2.3.4 考虑交通发生与吸引的出行样本选取

与选取住宅样本不同，居民每天出行线路并非仅限于样本社区内。与样本社区相关的交通出行，既包括以社区为出发地的驶出出行，即交通的发生，也包括以社区为目的地的驶入出行，即交通的吸引。因此，从分析交通发生与吸引的角度看，出行样本的选取范围不能仅限于9个社区样本，而应该在宁波市中心城区内展开。然后将交通发生与吸引为样本社区的出行筛选出来，形成本研究所需要的交通出行样本。

由于交通出行样本的家庭在社区内的位置、层高、面积等因素并不会影响其交通出行，因此，选取交通出行样本时，不必考虑样本的位置和建筑属性，而是更应该突出样本空间分布的均匀性。同时，考虑到影响交通出行的因素除了建成环境外，还包括个人特征等，交通出行样本的选取还应该体现居民年龄、性别、学历、工作、收入等各方面的差异，以满足样本具有代表性的要求。基于以上考虑，交通出行样本的选取可以以家庭为单位展开，在分类取样的基础上，通过等间距取样完成。

首先，基于宁波市交通小区划分图，分别统计各交通小区内家庭户数，并对每户进行编号，以便确定每个交通小区的样本数。需要注意的是，在统计家庭户数的过程中要避开空户头和双老户，以减少无效样本的存在。其次，确定各交通小区内样本量。参考张勇[121]的分析方法，当置信度①为95%，误差限为0.05，假设总体中样本变异程度②最大，即$P=0.5$时，总体大小为：50、100、500、1000、5000、10 000、100 000、1 000 000、10 000 000，所需的样本量分别为：44、80、222、286、370、385、398、400、400。由此可以看出，随着总体大小增加，所需的样本量增幅逐渐变小至零，当总体大小大于或等于1 000 000时，400个有效样本则可以满足样本量的需求。本研究将借鉴此做法分别在各交

---

① 从统计学上看，影响样本容量的因素主要包括置信水平和允许误差。简言之，置信度是对取样估计可靠性的度量，误差限是指事先要求与一定的置信概率相对应的误差的最大范围，他是对取样估计的精确度提出的要求。
② 在调研过程中，受访者的年龄、学历、收入、性别、出行习惯等均有所差别，为确保达到选取样本要求的精度，在计算样本量时，一般对总体变异程度采用较为保守的估计，即假设变异程度最大。

通小区内确定样本量，若交通小区内总体大小低于 50 或者为非整数，则参照其最近的整数所需的样本量按比例折算求出。最后，在各交通小区内利用总体大小除以样本量算出相应的区间数 K 值，并利用等间距取样的方法随机选取样本。本次调研实际收回 42 411 份问卷（每户家庭共用一份问卷），其中有效问卷 40 927 份，有效率为 96.5%。经过统计与筛选，最终确定与样本社区相关的交通出行信息共有 22 112 条[①]。

---

① 一条出行信息指个人单次单程出行记录信息，每个家庭可能包含多少条出行信息。

2.4 建成环境对生活能耗影响研究的数据获取

对于回归分析模型而言，数据的来源和质量决定了分析结果的可靠性，同时，数据来源直接关系到数据的真实性和精确性。在时空间行为视角下，研究计划采用入户调研的方式，获取居民一年内连续的住宅用能数据和居民一周内的出行数据，然后根据不同交通工具的能源强度因子，算出居民的出行能耗。此外，关于建成环境数据，采用指标测度和入户调研相结合的方式获取。

2.4.1 基于入户调研获取住宅能耗及相关数据

本研究的住宅能耗指的是居民在住宅建筑里产生的能源消耗总量。由于宁波无集中供暖，所以居民冬季取暖主要依靠电力解决。除此之外，居民日常生活所涉及的采光、通风、制冷、学习娱乐等需求也均是消耗电力能源。虽然部分家庭会使用天然气能源，但也仅限在烹饪和洗浴方面，而这两种生活需求与城市建成环境的关联性较弱，况且有许多家庭的烹饪和洗浴也依靠电力解决，因此本研究住宅能耗数据将以家庭用电量来表示。

为了获取第一手真实数据，研究过程中作者进行了入户调研。在调查中，我们要求受访者为我们提供电表的识别号码，在得到受访者的同意后，我们从宁波供电公司获取本研究所需的居民用电量数据。此外，调研过程中还获取了与家庭用电量有关的重要的人口统计、经济收入、用电行为等其他相关数据。调研问卷由两部分组成：第一部分由调查人员完成，调查人员负责收集有关受访者的基本信息，包括地址、楼层、住宅类型以及电表识别号码等；第二部分涉及居住时间、住宅面积、房屋是否有树荫遮挡、住宅是否临近水系、受访家庭的人口统计及经济收入、家庭电器数量和种类等信息，调研的最后是有关家庭内部节约用电行动和关于节能态度的问题。为了确保调查质量，我们每一位调查人员都必须参加为期半天的培训讲座。在培训过程中，我们的一位问卷设计师为每位调查人员解释了调查问卷中的每一个问题，每位调查人员都接受了关于抽样策略和采访技巧的训练。2015 年 6 月我们对 20 户家庭进行了先行试点调查，旨在发现任何可能影响调查准确性的情况，包括对调查问题的误解、问卷答案的模糊性或其他问题。

根据先行试点调查的反馈，我们对调查方法进行了略微修改。正式的调查于 2015 年 7 月进行。之后，我们从宁波供电公司得到了最近一年每个被选家庭每个月的电力使用数据。

对于本次居民住宅用能调研有三点需要说明：第一，考虑到居民时空间行为和一年四季家庭用电量有所不同，本研究住宅用能以"年"为时间周期进行调研，以此增加分析结果的可靠性，本研究对宁波供电公司提供的被调研家庭 2014 年 7 月至 2015 年 6 月的用电数据进行了分析；第二，家庭用电量并非个人行为，因此在考虑收入等因素对用能的影响时，需要以家庭人均收入作为计量标准，而非受访者个人收入；第三，住宅用能的方式有很多种，结合宁波市的情况，虽然用电量可以代表住宅能耗，但这与实际情况会存在些许误差。

2.4.2　基于入户调研和能源强度因子获取交通出行能耗及相关数据

本研究的交通出行能耗指的是居民单次单程出行所消耗的能源量。以个人出行为计算标准，不仅可以消除入户调研时家庭人口对能耗的直接影响，同时，因为居民个人的出行决定易受家庭内部其他成员的影响，在回归模型中以个人出行为样本可以使因变量相互独立，增强分析的可靠性。为了计算交通出行能耗，调研过程中需要统计居民的出行方式和出行距离。其中出行方式包括步行、自行车、电动车、私家车、公交车、出租车等，出行距离主要是指单次单程出行的起始点和终点间的直线长度。

本研究同样采用入户调研的方式获取相关研究数据，调研对象为所有被选为家庭样本中居住、共同生活的六周岁及以上，且八十周岁及以下的常住人口。为了能够顺利采访到需要调研家庭的住户，调研选在每日的 19 点至 21 点进行。此外，调研过程中若遇到家中无人的情况，则由相邻编号的家庭代替。调研问卷由四部分组成：第一部分主要涉及受访者的家庭情况，包括常住人口、交通工具拥有情况等；第二部分主要涉及受访者个人基本情况，包括性别、年龄、文化程度、年收入等；第三部分主要涉及受访者个人出行情况，包括起止点、出行目的、出行方式等；第四部分主要涉及受访者关于改善城市交通系统的态度。

对于本次居民交通出行调研有四点需要说明：第一，单次单程出行是指完成一次从起始点到终点的出行，往返算两次出行；第二，由于工作日和周末的出行特征有所差别，本研究以"周"为时间周期调研居民出行情况，确保每周七天每天都有出行记录信息，以周为单位记录出行，比以日为单位更能全面反映建成环境对出行的影响；第三，由于本次研究交通出行情况是通过入户调研时发放问卷获取的，问卷的填写主要依靠受访者的回忆，并非实时记录数据，这与真实情况难免会存在偏差，因此出行记录的准确性会打折扣；第四，由于数据可得性等原因，本研究的能耗计算仅包括交通工具在行驶过程中产生的直接交通能耗，并未包括生产、运输等其他间接能耗和交通工具的固化能耗，此外，影响交通工具能耗效率的因素如车况、路况、车速等，也未能考虑到能耗的计算当中。

关于出行能耗的计算，首先需要从调研问卷中获取受访者的出行距离。为了方便进行居民出行和机动车 OD 调查①，常将规划区域划分为若干个分区，并对每个分区进行编号，称其为"交通小区"（Traffic Analysis Zone），宁波市交通小区划分如图 2-10 所示。

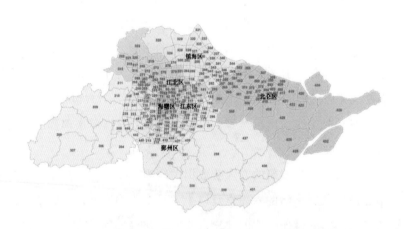

图 2-10　宁波市交通小区划分　（资料来源：宁波市规划设计研究院）

由于本次交通出行能耗的调研是基于宁波市交通小区而展开的，所以出行距离的计算也同样离不开交通小区。出行距离的计算共分为三步：第一步，通过入户调研获取居民在交通小区范围内的出行起点和终点；第二步，基于 GIS 软件计

① OD 调查即交通起止点调查。"O"是英文 Origin 的缩写，指出行的起点；"D"是英文 Destination 的缩写，指出行的终点。

算出任意两个交通小区间的距离，并将计算得出的数据导入 Excel 软件；第三步，利用 Excel 软件的 VLOOKUP 功能匹配居民出行起点和终点间的距离，进而计算出单次单程出行的距离。需要说明的是，由于出行线路只知道起点和终点，无法获取其具体的出行轨迹，依据人们以往的出行习惯，本研究在计算居民出行距离时，按照最优路径进行计算，即出行起点所在的交通小区中心点，与终点所在的交通小区中心点之间的直线距离即为交通出行距离。

其次，用出行距离乘以相应出行方式的能源强度因子即可得到交通出行能耗，见式（2-13）。

$$E_i^m = TD_i^m \times EI^m \tag{2-13}$$

$$EI^m = FU^m \times EC^m \tag{2-14}$$

式中：E_i^m——第 i 个家庭受访者单次单程出行的交通能耗（MJ）；

TD_i^m——第 i 个家庭受访者使用交通方式 m 出行距离（km）；

EI^m——交通方式 m 的能源强度因子，详见表 2-3；

FU^m——交通方式 m 的燃料经济性因子，详见表 2-3；

EC^m——交通方式 m 的燃料热值因子，详见表 2-3。

可以看出，能源强度因子 EI^m（Energy intensity factor）是计算交通出行能耗的关键，其主要由燃料经济性因子 FU^m（Fuel economy factor）和燃料热值因子 EC^m（Fuel energy content factor）所决定，见式（2-14）。不同交通工具的能源强度因子有所差别。例如，姜洋[97] 等人在其研究中曾指出，私家车的燃料经济性因子约为 0.092 L/km，每升燃料热值因子约为 32.2MJ，所以私家车每公里能耗约为 2.962MJ。而公交车的燃料经济性因子约为 0.3 L/km，每升燃料热值因子约为 35.6MJ，所以公交车 1km 能耗约为 10.680MJ。本研究将借鉴该能源强度因子数据，见表 2-3。由于自行车和步行出行方式不产生能耗，故表中未列出这两种出行方式。此外，若受访者单次出行方式为两种及以上，本研究将取各出行方式能源强度因子的平均值。

表2-3　不同交通出行方式能源强度因子

出行方式	燃料经济性因子	燃料热值因子	能源强度因子
私家车	0.092 L/km	32.2 MJ/L	2.962 MJ/km
出租车	0.083 L/km	32.2 MJ/L	2.673 MJ/km
公交车	0.3 L/km	35.6 MJ/L	10.680 MJ/km
摩托车	0.019 L/km	32.2 MJ/L	0.612 MJ/km
电动车	0.021 kW·h/km	3.62 MJ/（kW·h）	0.076 MJ/km

资料来源：参考文献 [97]

在整理调研信息时发现，部分出行信息的出行人数并非受访者一人，即受访者单次出行有随行人员。例如，周末家庭多人同时出行去完成购物行为。在这样的出行过程中，家庭成员们的出行方式、出行距离和出行目的均相同。因此，需要考虑将"同程搭载率"这一因素引入式（2-13）中。修改后的公式为：

$$E_i^m = \frac{TD_i^m}{TO_i^m} \times EI^m \qquad (2-15)$$

式中：TO_i^m——第 i 个家庭受访者使用交通方式 m 出行时同行人数，当仅受访者自己出行时，该值为 1。

此外，对于公交出行而言，该交通方式的同程搭载率为 27 人。该数据主要是依据《2016 年宁波交通统计年鉴》[156]中的信息计算得出。其中，宁波市区全年公交总运行里程约为 $1.042\,125 \times 10^8$ km，市区全年客运量约为 19 957.35 万人，人均单次乘公交出行里程约为 13.91km，由此可以计算出公交同程搭载率为（19 957.35 × 13.91）÷ 10 421.25 = 26.6，约合 27 人每车次。

2.4.3 基于指标测度和入户调研获取建成环境数据

建成环境数据的计算需要借助三种分析工具：谷歌地图（Google earth）、AutoCAD 和 GIS。其中，谷歌地图主要用于收集研究范围的高分辨率航拍照片，直观感受建成环境；AutoCAD 可以将高分辨率航拍照片转化为二维平面图，体现出建筑外轮廓、道路网系统、开放空间等建成环境信息；GIS（Geographic

Information System）也称为"地理信息系统"，借助它可以对建成环境数据进行采集、存储、计算和分析，如图 2-11 所示。

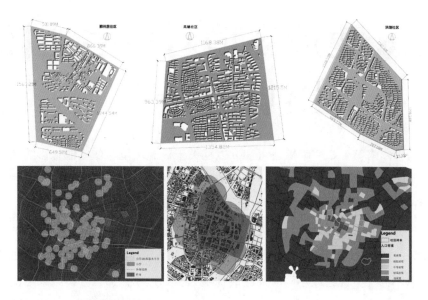

图 2-11　部分样本社区平面图和 GIS 分析

本研究中建成环境数据的获取主要有三种途径。第一，借助分析工具获取数据。首先通过谷歌地图获取样本社区的高分辨率航拍图，其次借助 AutoCAD 将航拍图转化为二维平面图，最后将二维平面图导入 GIS 系统进行数据的处理和保存工作，本研究中的开发密度、土地利用混合程度、目的地可达性等指标均是通过此途径获取。第二，通过入户调研获取数据。由于部分微观层面的建成环境数据无法通过分析工具计算得出，因此需要通过入户调研来收集数据。例如，在进行住宅能耗分析时，建筑层数、住宅类型和面积等数据无法利用工具计算，则需要通过入户调研获取。第三，通过收集相关规划资料获取数据。由于部分变量既无法通过分析工具计算又无法借助入户调研获取，因此只能依靠查阅相关规划资料进行计算。例如，利用分析工具和入户调研无法计算容积率，而通过查阅相关规划资料则可以准确获取该数据。

LOW-CARBON CITY

第3章 建成环境对住宅能耗的影响研究

基于本书第 1 章文献综述可知，以往关于建成环境对住宅能耗影响的研究相对较少，且已有研究成果关于建成环境各要素对住宅能耗的影响途径、方向和程度结论模糊，尤其是建筑密度对住宅能耗的影响结论尚存在争议[122-124]。作者认为，一方面，这与气候环境有关，不同气候环境下建成环境对住宅能耗的影响存在差异；另一方面，以往大多数研究仅笼统地分析了建筑密度对住宅能耗的影响，如果以不同类型住宅或不同时期建成住宅为基础建模，那么分析结果可能会有所不同。此外，已有研究多是以欧美国家的城市为研究对象，主要关注的是低密度居住区中的独立式住宅，目前还不清楚研究结果是否适用于中国城市，针对我国高密度居住区建成环境对住宅能耗的影响情况仍需进一步验证。因此，本章基于 6 个社区样本和 598 个住宅样本，利用回归模型解析了建成环境各要素对住宅能耗的影响。本研究旨在提供更多的经验证据，证明建成环境各要素，尤其是建筑密度对总体住宅、不同类型住宅和不同时期建成住宅能耗产生的影响。

3.1 与住宅能耗相关的建成环境各要素特征辨析

基于本书第 2 章搭建的理论架构，建成环境与住宅能耗间的关联主要体现在居住区空间布局、土地开发强度、住宅建筑特征、道路朝向和开敞空间五个方面，故本节将从这五个方面展开对现状建成环境特征的分析。其中，居住区空间布局、住宅建筑特征和道路朝向的分析主要利用定性的方法对现状进行描述，土地开发强度和开敞空间的分析主要利用 AutoCAD 和 GIS 等工具，对现状建成环境进行量化，并且比较各样本社区建成环境状况。

3.1.1　居住区空间布局形式

本研究涉及住宅建筑空间布局的样本社区包括：三江口老城区社区（C1）、世纪东方综合体商圈社区（C4）、高塘社区（C6）、鄞州居住社区（C7）、洪塘社区（C8）和东湖观邸社区（C9），各社区建筑空间布局如图 3-1 所示。

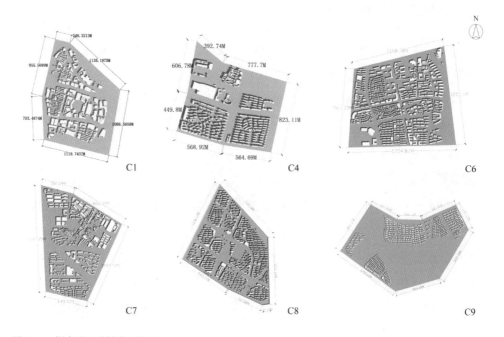

图 3-1　样本社区建筑空间布局

本研究将从建筑空间排列形式、建筑朝向和建筑间距三个方面分析各样本社区内住宅建筑空间布局特征。

1. 建筑空间排列形式

本研究样本涉及的建筑空间排列形式有行列式、混合式、围合式、点群式，如图 3-2 所示。

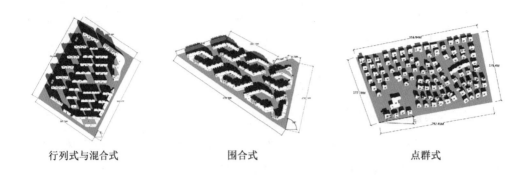

行列式与混合式   围合式   点群式

图 3-2 各类住宅建筑空间排列形式

其中，三江口老城区社区住宅建筑空间排列以混合式为主，世纪东方综合体商圈社区住宅建筑空间排列以行列式为主，高塘社区和东湖观邸社区住宅建筑空间排列同时兼有行列式和点群式，鄞州居住社区和洪塘社区住宅建筑空间排列同时兼有行列式和围合式。

2. 建筑朝向

为了获取更多的自然采光，现状建筑以朝南布局为主，但是由于受到地形、路网结构、单元布局等因素的影响，有些小区的住宅楼呈正南方向布局，如盛世天城、宁静家园等，有些小区的住宅楼朝南偏西方向布局，如亲亲家园、世纪城等，还有一些小区的住宅楼朝南偏东方向布局，如万金人家、香颂湾等。整体上看，现状住宅建筑正南朝向布局最多，其次是南偏西朝向，南偏东朝向的住宅建筑最少。

3. 建筑间距

现状建筑间距的布局与建筑高度密切相关。为了避免日照遮挡，建筑越高楼间距越大。例如繁景花园、国际村、中海东湖观邸等小区内的别墅类住宅楼间距相对较小，而和塘雅苑、汇嘉新园、春江花城等小区内的高层住宅楼间距则相对较大。此外，在调研过程中还发现：早期建造的小区住宅楼间距相对较小，而新建小区住宅楼间距相对较大。

3.1.2　土地开发强度分布规律

土地开发强度主要体现在建筑密度和容积率两个方面。

1. 建筑密度

建筑密度指的是建筑覆盖率，即建筑基底面积与用地面积的比值。它反映了单位面积内建筑物的覆盖状况。其计算公式为：

$$D_i = \frac{C_i}{A_i} \tag{3-1}$$

式中：D_i——第 i 个社区的建筑密度；

　　　C_i——第 i 个社区的建筑基底面积（km^2）；

　　　A_i——第 i 个社区的用地面积（km^2）。

基于式（3-1）得出各交通小区建筑密度的平均值约为 18.46%，各交通小区建筑密度高低分布如图 3-3 所示。

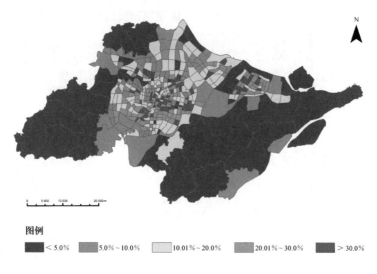

图 3-3　宁波市各交通小区建筑密度分布

从图中可以看出，三江口中心片区和北仑西北片区的建筑密度相对较高，由这两个片区向外建筑密度逐渐降低。

就各样本社区而言，其建筑密度见图 3-4、表 3-1。

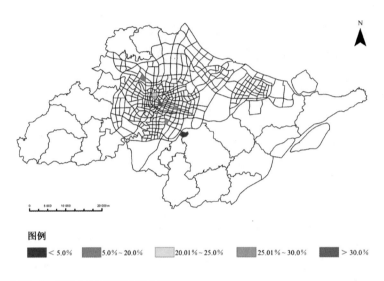

图例

| ███ < 5.0% | ███ 5.0%~20.0% | ░░░ 20.01%~25.0% | ▓▓▓ 25.01%~30.0% | ███ > 30.0% |

图 3-4　各样本社区建筑密度分布

表 3-1　各样本社区建筑密度统计

样本编号	社区名称	建筑基底面积（km²）	用地面积（km²）	建筑密度（%）
C1	三江口老城区社区	0.44	1.40	31.43
C4	世纪东方综合体商圈社区	0.30	1.06	28.3
C6	高塘社区	0.30	1.31	22.9
C7	鄞州居住社区	0.33	1.28	25.78
C8	洪塘社区	0.35	2.01	17.41
C9	东湖观邸社区	0.10	2.29	4.37

可以看出，位于城区中心的三江口老城区社区建筑密度最高，而位于城区外围的东湖观邸社区建筑密度最低，并且各样本社区建筑密度高低分布与各交通小

区整体建筑密度高低分布趋势相同。研究认为，这主要是受到土地价格和人口密度的影响，导致距离市中心越近的社区开发密度越高，反之亦然。

2. 容积率

容积率指的是建设用地范围内修建的总建筑面积与用地面积的比值。它反映了单位面积内修建的总建筑面积。其计算公式为：

$$V_i = \frac{F_i}{A_i} \tag{3-2}$$

式中：V_i——第 i 个社区的容积率，该值为常数项；

$\quad\quad$ F_i——第 i 个社区的总建筑面积（km^2）；

$\quad\quad$ A_i——第 i 个社区的用地面积（km^2）。

基于调研获取的资料，各样本社区容积率见图 3-5、表 3-2。

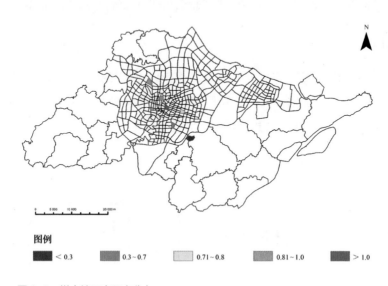

图例

　■ < 0.3　■ 0.3~0.7　■ 0.71~0.8　■ 0.81~1.0　■ > 1.0

图 3-5　样本社区容积率分布

表 3-2　各样本社区容积率统计

样本编号	社区名称	总建筑面积（km²）	用地面积（km²）	容积率
C1	三江口老城区社区	2.56	1.40	1.83
C4	世纪东方综合体商圈社区	0.84	1.06	0.79
C6	高塘社区	1.23	1.31	0.94
C7	鄞州居住社区	0.84	1.28	0.66
C8	洪塘社区	1.93	2.01	0.96
C9	东湖观邸社区	0.62	2.29	0.27

可以看出，虽然位于城区中心的三江口老城区社区容积率最大，位于城区外围的东湖观邸社区容积率最小，但是容积率由大到小的空间分布规律与建筑密度有所差异，并不能明显看出容积率是由城区中心向外围逐渐变小的。通过计算各样本社区容积率发现，商住混合类型社区的容积率平均值高于居住类型社区。

3.1.3　住宅建筑类型、面积和高度

住宅建筑特征体现在住宅类型、住宅面积和住宅建筑高度三个方面。

1. 住宅类型

本研究范围内住宅建筑均为单体式住宅。从选取的样本来看，住宅类型涉及别墅类住宅和单元式住宅。其中，别墅类住宅既包括独栋式别墅，也包括双拼式别墅，单元式住宅包括板式和塔式两类。各类型住宅如图 3-6 所示。

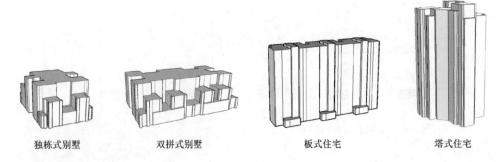

独栋式别墅　　　　双拼式别墅　　　　　　板式住宅　　　　　　塔式住宅

图 3-6　各类型住宅代表

从整体上看，本研究范围内的单元式住宅数量远大于别墅类住宅，是住宅建筑的主流形式，单元式住宅建筑类型以板式住宅为主。

2. 住宅面积

本研究住宅样本面积在 32 ~ 405m² 之间。经过统计发现，别墅类住宅面积平均值大于单元式住宅，板式住宅面积和塔式住宅面积无明显差异。

3. 建筑高度

本研究范围内建筑高度可以划分为低层、多层、中高层和高层四类。其中，低层住宅均为别墅类住宅，而多层、中高层和高层住宅类型既有板式住宅也有塔式住宅。各样本社区住宅建筑特征统计信息见表 3-3。

表 3-3　各样本社区住宅建筑特征统计

样本编号	社区名称	平均住宅面积（m²）	平均建筑高度（m）	住宅类型
C1	三江口老城区社区	64.80	20.44	单元式
C4	世纪东方综合体商圈社区	121.33	17.97	单元式
C6	高塘社区	119.14	22.64	单元式、别墅式
C7	鄞州居住社区	121.64	58.36	单元式
C8	洪塘社区	91.48	25.58	单元式、别墅式
C9	东湖观邸社区	286.60	14.89	单元式、别墅式

3.1.4　社区和居住小区层面道路朝向类别

现状路网可以分为两个层面：一是社区层面的城市路网，包括城市主干道、城市次干道、支路；二是居住小区层面的内部路网，包括小区主干道、小区次干道、宅间路。基于对现状的调研，各样本社区道路朝向如图 3-7 所示。

N

C1	C4	C6
C7	C8	C9

图 3-7　各样本社区道路布局

从图中可以看出，就社区层面路网而言，其横向道路朝向包括：西北—东南、西南—东北、西—东三类。其纵向道路朝向包括：东北—西南、西北—东南、北—南三类。就居住小区层面路网而言，其横向和纵向道路朝向种类与社区层面路网相同。

3.1.5　开敞空间及地表覆盖物分布规律

分析开敞空间的特征可以用开敞空间密度来表示，即未被建筑覆盖的面积与用地面积的比值。它反映了单位面积内室外空间开敞程度。

其计算公式为：

$$O_i = \frac{A_i - C_i}{A_i} = 1 - \frac{C_i}{A_i} \qquad (3\text{-}3)$$

式中：O_i——第 i 个社区的开敞空间密度；

$\quad\quad C_i$——第 i 个社区的建筑基底面积（km^2）；

$\quad\quad A_i$——第 i 个社区的用地面积（km^2）。

基于式（3-3）得出各交通小区开敞空间密度如图 3-8 所示。

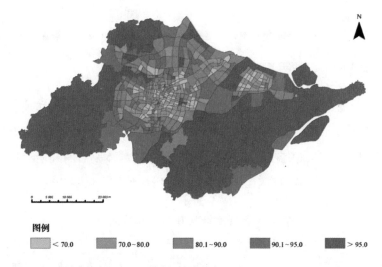

图 3-8　宁波市各交通小区开敞空间密度分布

由于开敞空间较大的交通小区建筑密度较低，所以从图中可以看出，各交通小区开敞空间密度分布与建筑密度分布规律相同，表现为三江口中心片区和北仑西北片区的开敞空间密度相对较低，由这两个片区向外开敞空间密度逐渐升高。

就各样本社区而言，其开敞空间密度如图 3-9 所示。可以看出，位于市中心的社区开敞空间密度最低，由市中心向外各样本社区的开敞空间密度逐渐增高。

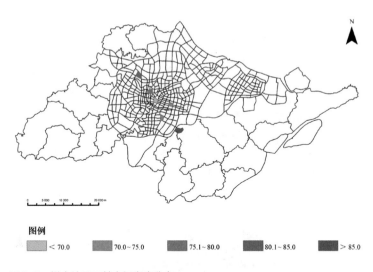

图例

< 70.0	70.0~75.0	75.1~80.0	80.1~85.0	> 85.0

图 3-9　样本社区开敞空间密度分布

此外，考虑到开敞空间对住宅能耗的影响，主要是通过树木和地表不同材质的覆盖物起作用，且现状各住宅周围开敞空间的主要差异体现在树荫遮挡和临近水系与否，因此，本研究在调研过程中，对各住宅样本是否有树荫遮挡以及是否临近水系进行了统计。各样本社区开敞空间特征统计信息见表 3-4。

表 3-4　各样本社区开敞空间特征统计

样品编号	社区名称	开敞空间占比	住宅样本中有树荫遮挡占比	住宅样本中临近水系占比
C1	三江口老城区社区	68.6%	0	0
C4	世纪东方综合体商圈社区	72%	1.2%	4.7%
C6	高塘社区	77.1%	20%	8.7%
C7	鄞州居住社区	74.2%	1.6%	17.2%
C8	洪塘社区	82.6%	45.1%	4.9%
C9	东湖观邸社区	95.6%	80%	34.5%

从表中可以看出，样本社区的开敞空间占比越大，社区内住宅样本有树荫遮挡的比例也越大，但社区内住宅样本临近水系的比例与样本社区的开敞空间占比并不存在明显相关性。

3.2　多层面住宅能耗特征分析

基于本书第 2 章设计的住宅能耗计算方法，利用住宅样本入户调研得到家庭用电量数据，本研究将从住宅样本全年不同月份用电量、家庭月均用电量、家庭人均用电量和家庭单位面积用电量四个层面梳理居民住宅能耗，以便对现状住宅能耗有全面了解。

3.2.1　住宅样本全年不同月份用电量

通过获取每个住宅样本连续 12 个月的用电量，研究分析了住宅样本在全年中各个月的平均用电量，即每个月所有住宅样本用电量的平均值，分析住宅样本不同月份的用电量，可以从整体上了解宁波市住宅在全年不同月份的能耗差别。不同月份住宅样本能耗如图 3-10 所示。

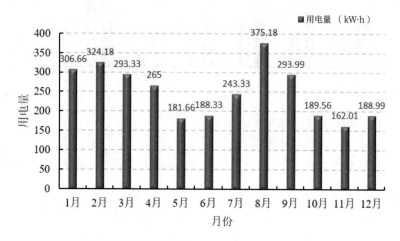

图 3-10　不同月份住宅样本用电量比较

从图中可以看出，各家庭用电量在一年当中呈起伏状，其中用电量最高月份为 8 月，住宅平均用电量约为 375.18 kW·h，最低月份为 11 月，住宅平均用电量仅为 162.01 kW·h。夏季和冬季用电量明显高于其他季节，这主要是由于住宅在夏季对制冷的需求较高，而在冬季则是对供热的需求较高造成的。

3.2.2　家庭月均用电量

为了避免季节性的干扰，研究还分析了每个住宅样本的月均用电量，即每户住宅连续 12 个月的平均用电量。同时，调研过程中还收集了各住宅样本家庭总收入以及常住人口。基于调研得到的数据，研究将住宅样本按照其所在的不同社区进行分类汇总，并通过比较分析各社区住宅样本数据在经济收入、能耗使用等方面的不同，来初步了解各住宅社区样本现状和住宅能耗情况。计算得出的各样本社区家庭月均用电量与人均收入如图 3-11 所示。

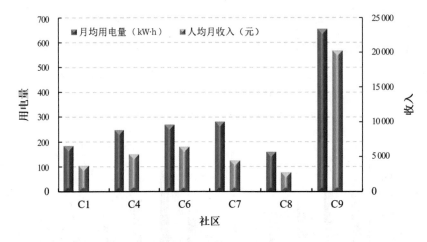

图 3-11　样本社区家庭月均用电量与人均月收入统计

从图中可以看出，各社区家庭月均用电量由高到低排序为：东湖观邸社区(C9)、鄞州居住社区（C7）、高塘社区（C6）、世纪东方综合体商圈社区（C4）、三江口老城区社区（C1）、洪塘社区（C8），即东湖观邸社区住宅能耗最高，洪塘社区住宅能耗最低。通过比较人均月收入发现，各社区的用电量与人均收入变化趋势大致相同，即呈现人均收入较高的家庭用电量相对较多。

3.2.3　家庭单位面积用电量

在比较家庭月均用电量的基础上，本研究又进一步分析了各样本社区的单位面积能耗，并对其进行了横向比较。单位面积能耗指的是各家庭月均用电量与住宅面积的比值，它可以在一定程度上反映住宅能耗效率，如图 3-12 所示。

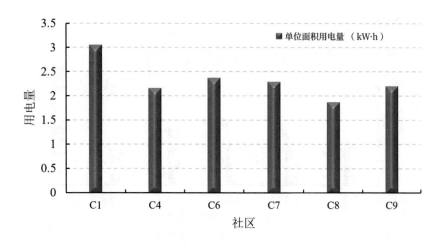

图 3-12　样本社区家庭单位面积用电量统计

从图中可以看出，各住宅社区样本家庭单位面积用电量由高到低排序为：三江口老城区社区（C1）、高塘社区（C6）、鄞州居住社区（C7）、东湖观邸社区（C9）、世纪东方综合体商圈社区（C4）、洪塘社区（C8），即三江口老城区社区住宅单位面积能耗最高，而洪塘社区住宅单位面积能耗最低。通过比较各社区住宅建造年代发现，建造时间较早的住宅单位面积用电量相对较高，而建造时间相对较晚的住宅单位面积用电量相对较低。由此可以推断，新建住宅由于采用了较好的节能材料使得住宅能耗低于早期建造的住宅。

3.2.4 家庭人均用电量

此外，本研究还分析了各样本社区的人均能耗，同样对其进行了横向比较。人均能耗指的是，各家庭月均用电量与常住人口的比值，它直观反映了居民个人用电情况，如图 3-13 所示。

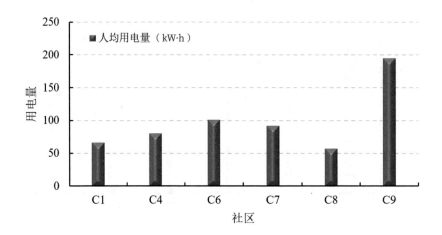

图 3-13 样本社区家庭人均用电量统计

从图中可以看出，各住宅社区样本家庭人均用电量由高到低排序为：东湖观邸社区（C9）、高塘社区（C6）、鄞州居住社区（C7）、世纪东方综合体商圈社区（C4）、三江口老城区社区（C1）、洪塘社区（C8），即东湖观邸社区住宅人均能耗最高，洪塘社区住宅人均能耗最低。不难发现，各社区的人均用电量与人均收入变化趋势大致相同，即呈现人均收入较高的家庭人均用电量也相对较多。

通过分析住宅样本全年不同月份用电量、家庭月均用电量、家庭人均用电量和家庭单位面积用电量可以看出：全年不同月份用电量会受到季节因素的干扰，家庭人均用电量和家庭单位面积用电量会受到家庭人口和住宅面积因素的干扰。由于住宅能耗是指住宅在被使用过程中所产生的能源消耗，对其分析应同时考虑到季节变化、家庭人口、经济收入、住宅面积等因素。因此，本研究认为，家庭月均用电量最能代表住宅能耗，故以下的住宅能耗就是指家庭月均用电量。

3.3　建成环境对住宅能耗影响研究的变量数据转化与统计

　　由计量经济学理论对本研究的启示，借助回归模型分析建成环境对住宅能耗的影响，合理的数据是研究的关键。就选取的因变量和自变量，本研究分别对住宅能耗、建成环境变量和其他影响住宅能耗变量的数据进行了量化分析转化，包括定量变量的取自然对数转化和定性变量导入分析模型的数字转化，以便分析结果具有更好的解释性和预测性。在此基础上，对模型变量数据进行了统计。

3.3.1　住宅能耗数据转化与统计

　　基于住宅样本入户调研得到的数据，可以计算出各住宅月平均用电量（E）。由于要利用取对数后指数函数形式的回归模型进行分析，所以需要对计算出来的住宅月均用电量取自然对数（$\ln E$）。各住宅样本月均用电量和其对数值的统计数据见表 3-5。

表 3-5　各住宅样本用电量基本统计

变量名称	样本量	最小值	最大值	均值	标准差
月均用电量（kW·h）	598	16.00	2709.75	264.15	260.19
对数月均用电量	598	2.77	7.90	5.30	0.71

　　从表中可以看出，所有样本月均用电量的平均值为 264.15 kW·h，月均用电量对数值的平均值为 5.30 kW·h，同时，当月均用电量取对数后标准差明显减小，这有助于整个分析过程按照预定的假设进行研究。此外，通过取对数前后的月均用电量的指定分布情况后比较发现，月均用电量取对数后的期望累积概率与观测累积概率基本保持一致，如图 3-14 所示。这说明了月均用电量取对数后更符合正态分布，由此可以推测指数函数形式的回归模型具有更好的预测性。

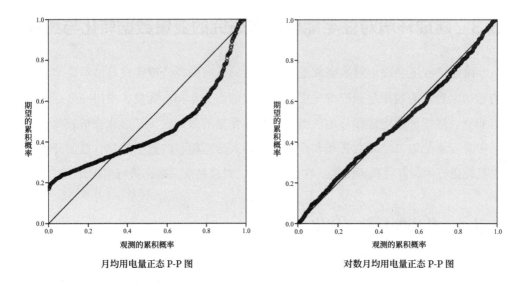

月均用电量正态 P-P 图　　　　　　　　对数月均用电量正态 P-P 图

图 3-14　月均用电量取对数前后指定分布 P-P 对比

3.3.2　影响住宅能耗的建成环境变量选取及数据转化与统计

从上一节比较分析得到启示：在进行统计分析时，需要对建成环境的变量进行取舍。为了避免出现多重共线的可能，研究只选取存在显著关联的建成环境变量当中的一个导入回归模型，同时，选取的变量应在各样本社区间存在差异且便于量化分析。

影响住宅能耗的因素包括住宅建筑、树木、地表覆盖物、密度和社区布局。就住宅建筑而言，主要包括住宅类型、住宅面积、体形系数、外墙特征等因素。所谓体形系数主要是指建筑物与外界接触的表面积与其体积的比值，本研究中单元式住宅样本体形系数均小于别墅类住宅样本，因此可以说住宅类型和体形系数两个变量存在较强的关联，若同时将两个变量导入回归模型，则会产生多重共线的情况，故本研究只选取住宅类型变量进行研究。因为外墙特征主要反映住宅建筑墙体是否采用了隔热材质，所以本研究在进行调研时对墙体保温隔热情况进行了统计。此外，建筑高度作为住宅建筑的特征之一，本研究尝试将其作为变量引入回归模型，分析建筑高度是否会对住宅能耗产生影响。就树木而言，主要包括树木方位、树冠形状、树木覆盖率等因素。调研发现宁波市各居住社区树木种植方位和树木品种差异不明显，并且树木覆盖率按照设计规范执行，所以这三个因素并不适用于本研究。为了探索树木对住宅能耗的影响，本研究尝试比较各住宅样本周围是否因为有树荫遮挡而产生了不同的用电量。就地表覆盖物而言，主要包括草地覆盖率、道路特征、水体面积等因素。其中各样本社区地表覆盖物差异最大的为水环境，而其他影响因素比较类似，故本研究尝试通过调研住宅附近是否临水来分析其对用电量的影响。就密度而言，主要包括建筑密度、容积率等因素。这两个变量与其他变量不存在显著的关联性，故本研究将对这两个变量展开分析。就社区布局而言，主要包括建筑在水平和垂直方向组合、建筑朝向、楼间距、道路朝向等因素。通过实地调研发现，各样本社区内建筑在水平和垂直方向上的组合方式，因住宅类型的不同而产生变化，建筑间距与建筑高度存在高度相关性，且建筑朝向和道路朝向具有一致性，为了避免产生多重共线的情况，本研究只分析建筑朝向对住宅用电量的影响。

最终，本研究确定的城市建成环境变量为住宅类型、住宅面积、墙体保温、建筑高度、树荫遮挡、住宅临水、建筑密度、容积率和建筑朝向。其中，中观层面建成环境变量包括建筑密度、容积率、建筑朝向、住宅临水、树荫遮挡；微观层面建成环境变量包括住宅类型、住宅面积、墙体保温、建筑高度。

基于选取的变量，本研究需要将各变量数据进行量化分析转化并统计。

1. 中观层面变量的计算与分析

（1）建筑密度（D）和容积率（V）

自变量建筑密度和容积率的定义和计算方法已在本书第 3.1.2 节中解释，在此不再赘述。

（2）建筑朝向（F）

自变量建筑朝向指的是住宅建筑内主要房间所在的立面朝向的方位。它可以直接影响到住宅的采光和接收太阳能的程度。为了便于量化分析，该变量以建筑内主要房间所在的立面与正南北方向所呈的夹角（取直角或锐角）来表示，即正南北朝向的建筑为 90°。

（3）住宅临水（W）

自变量住宅临水指的是所调研的住宅样本是否靠近河流、湖泊或人工水池等水环境。现有研究表明，水环境可以通过改变住宅周围的热岛效应而影响居民生活用能。该变量为虚拟变量[①]，为了便于量化分析，分别用 0 和 1 来表示，其中住宅不临水取值为 0，住宅临水取值为 1。

（4）树荫遮挡（T）

自变量树荫遮挡指的是住宅样本周围是否有树木对住宅产生遮挡。在夏季主要表现为树荫对住宅的遮阳效果，可以较好地反映树荫对住宅制冷能耗的影响。该变量同样为虚拟变量，分别用 0 和 1 来表示，其中无树荫遮挡取值为 0，有树荫遮挡取值为 1。

计算得出中观层面建成环境各变量的统计数据见表 3-6。

表 3-6　建成环境中观层面变量统计

变量名称	样本量	最小值	最大值	均值	标准差
建筑密度	598	4.37	31.43	22.37	7.45
容积率	598	0.27	1.83	0.98	0.43
建筑朝向	598	22	90	79.69	10.65
住宅临水	598	0	1	0.09	0.29
树荫遮挡	598	0	1	0.23	0.42

从表中可以看出，建筑密度和容积率变量在各样本社区之间相差较大。就建筑密度而言，各社区的数值在 4.37% ~ 31.43% 的之间，其中，三江口老城区建筑密度最高，约为 31.43%，而洪塘社区和东湖观邸社区的建筑密度较低，尤其是东湖观邸社区建筑密度仅为 4.37%，其他三个社区的建筑密度相当。就容积率而言，各样本社区的数值在 0.27 ~ 1.83 之间，其中，三江口老城区社区的容积率最高，

---

① 虚拟变量又称为"定性变量"，指的是观测的个体只能归属于几种互不相容类别中的一种，一般用非数字来表达其类别。在进行回归分析时，其取值为 0 和 1，表示当某种影响因素存在或缺失时，对预期结果可能的影响。

约为 1.83；其次是洪塘社区。容积率最低的仍为东湖观邸社区，仅为 0.27。各社区内的建筑朝向也存在很大的差异，可以看出有的住宅为正南北朝向，也有部分住宅与正南北方位的夹角呈 22°。总体而言，各住宅样本所在的建筑朝向平均值为 79.69°。此外，约有 23% 的住宅样本受到树荫遮挡，而临近水体的住宅样本则相对较少，仅占 9%。

为了使分析模型结果具有较好的解释性和预测性，本研究对建筑密度、容积率、建筑朝向三个定量变量取自然对数，各变量取对数后数据统计见表 3-7。

表 3-7　建成环境中观层面变量取对数统计

变量名称	样本量	最小值	最大值	均值	标准差
对数建筑密度	598	1.47	3.45	3.01	0.53
对数容积率	598	−1.31	0.60	−0.12	0.48
对数建筑朝向	598	3.09°	4.50°	4.37°	0.15°

2. 微观层面变量的计算与分析

（1）住宅类型（TY）

本研究将住宅类型划分为两类：单元式住宅和别墅类住宅。在回归模型中该变量为虚拟变量，分别用 0 和 1 来表示，其中别墅类住宅取值为 0，单元式住宅取值为 1。经统计发现，本研究住宅样本共包含单元式住宅 522 户，别墅类住宅 76 户。可见，宁波市以单元式住宅为主，针对单元式住宅提出相应的政策建议对于降低全市住宅能耗具有重要的现实意义。

（2）住宅面积（AR）

自变量住宅面积指的是住宅样本的使用面积，现有研究认为其是影响住宅能耗的重要因素，在调研过程中该变量由受访者提供，调研人员进行实地测量。

（3）墙体保温（HW）

自变量墙体保温指的是住宅样本墙体是否有隔热效果，它反映了住宅的蓄热性能，墙体保温效果影响住宅制冷和供热等能耗。该变量为虚拟变量，分别用 0 和 1 来表示，调研过程中，若居民反映住宅墙体保温效果差，则取值为 0，若居民反映墙体保温效果良好，则取值为 1。

（4）建筑高度（HT）

自变量建筑高度指的是被调研住宅所在单元楼的高度，首先通过入户调研获取住宅样本的层高，然后利用层高乘建筑层数得出建筑高度。

微观层面建成环境变量统计数据见表 3-8。

表 3-8　微观层面建成环境变量统计

变量名称	样本量	最小值	最大值	均值	标准差
住宅类型	598	0	1	0.88	0.32
住宅面积	598	$32.00m^2$	$405.00m^2$	$119.38m^2$	$79.27m^2$
墙体保温	598	0	1	0.94	0.24
建筑高度	598	6.00m	83.70m	23.02m	15.93m

从表中可以看出，由于住宅样本存在单元式和别墅类两类，所以各住宅样本使用面积差异较大，面积最大的为 $405m^2$，而最小的仅为 $32m^2$。同样是因为住宅类型的缘故，建筑高度也存在较大的差异，最高的单元式住宅为 83.7m，而最低的别墅类住宅仅为 6m。在所有调研的样本中约有 94% 的调研对象反映住宅墙体具有保温效果。本研究对住宅面积和建筑高度变量取自然对数后再进行回归分析。各变量取自然对数后数据统计见表 3-9。

表 3-9　微观层面建成环境变量取自然对数统计

变量名称	样本量	最小值	最大值	均值	标准差
对数住宅面积	598	3.47	6.00	4.62	0.54
对数建筑高度	598	1.79	4.43	2.97	0.53

3.3.3　其他影响住宅能耗的变量选取及数据转化与统计

基于本书第 2 章确定的居民住宅能耗模型可知，影响住宅能耗的因素除建成环境之外还包括家庭社会经济特征、居民个人生活方式和节能态度。关于家庭社会经济特征，本研究将从人口和收入两个方面反映此影响因素。其中，人口指的是家庭常住人口，它直接关系到用电量的多少；收入指的是人均月收入，这是由于住宅能耗是由人的行为而产生，若忽略了人的因素，则不能真实反映收入对住宅能耗的影响，因此不能直接利用家庭月均收入变量，而应该将人均月收入变量引入回归模型。关于居民个人生活方式，考虑住宅能耗的计算是以家庭为单位的，本研究将从居民与家庭成员共同相处时的生活方式和习惯来反映此影响因素，包括家用电器数量、是否定期清理空调滤网等。关于节能态度，本研究将围绕居民节约用电的意识来反映此因素，包括是否参加节能活动、是否对节能政策有所了解等。

1. 家庭特征变量的计算与分析

（1）常住人口（Fam-P）

自变量常住人口指的是长期生活在住宅样本中的总人数，不包括家庭中在外工作和求学人员。

（2）人均月收入（Fam-I）

自变量人均月收入指的是住宅样本家庭每月总收入与常住人口的比值，它可以真实反映家庭在住宅能耗方面的消费实力。首先通过入户调研统计家庭各常住人口的月收入和常住人口，然后计算得出家庭人均月收入，计算公式为：

$$\text{Fam} - \text{I}_i = \frac{\text{I}_i}{\text{Fam-P}_i} \tag{3-4}$$

式中：Fam-I_i——第 i 个家庭的人均月收入（元／人）；

I_i——第 i 个家庭每月总收入（元），即每位常住人口月收入之和，成员无月收入计为 0；

Fam-P_i——第 i 个家庭常住人口数（人）。

家庭特征变量统计数据见表 3-10。

表 3-10　家庭特征变量统计

变量名称	样本量	最小值	最大值	均值	标准差
常住人口	598	1 人	7 人	3.09 人	1.13 人
人均月收入	598	325.00 元	55 000.00 元	5 137.60 元	5 505.15 元

从表中可以看出，本研究住宅样本多为三口之家，常住人口最少的家庭仅有 1 人，而最多的家庭有 7 人。各住宅样本的人均月收入差距较大，收入最高的家庭为 55 000 元 /（人·月），而最低的家庭仅为 325 元 /（人·月），该变量标准差高达 5 505.15。本研究同样对家庭特征变量取自然对数，统计见表 3-13。

表 3-11　控制变量取对数统计

变量名称	样本量	最小值	最大值	均值	标准差
对数常住人口	598	0.00	1.95	1.06	0.38
对数人均月收入	598	5.718	10.92	8.30	0.63

就家庭月收入而言，有两点需要说明：第一，该变量基于入户调研方式获取，在调研过程中居民对填写收入问题普遍比较敏感，不愿意透露自己和家庭成员的收入，调研人员在向其保证所填信息安全的情况下，受访者才勉强填写。可以推测，居民所填写的收入与真实收入间会存在偏差，并且按照常规思维推断，填写的收入要低于真实收入；第二，由于本研究主要分析各样本间收入差别对住宅能耗的影响，而非真实收入对能耗的影响。因此，虽然调研数据存在偏差，但是受访者普遍会保守填写月收入，这种由人为因素产生的误差在所有受访者当中均会产生，因此在分析人均月收入变量对住宅能耗的影响时可以忽略。

2. 居民生活方式变量的统计与分析

日常生活中，居民生活方式与住宅能耗有着直接的联系。围绕与家庭用电密切相关的生活方式与习惯，本研究将该影响因素划分为 6 个不同的变量，分别为：电器数量（Bah-a）；是否"离开房间会随手关灯"；是否"将白炽灯更换为节能灯"；是否"定期清理空调滤网"；是否"在夏季将空调温度设定为 26 ℃及以上"；是否"在不使用电器时关闭电源"。其中，电器数量的统计信息包括空调、电视机、冰箱、洗碗机、洗衣机、电热水器。各住宅样本家用电器具体统计数据见表 3-12。

表 3-12　家庭特征变量对住宅能耗影响的部分研究

变量名称	样本量	最小值	最大值	均值	标准差
空调	598	0	8	2.94	1.66
电视机	598	0	8	2.35	1.28
冰箱	598	0	4	1.07	0.33
洗碗机	598	0	2	0.02	0.16
洗衣机	598	0	2	1.01	0.25
电热水器	598	0	4	0.41	0.63
电器数量	598	1	22	7.81	3.13
对数电器数量	598	0	3.09	1.98	0.37

从表中可以看出，在所有种类的电器中，洗碗机数量的均值最小，每家平均仅有 0.02 台。其次是电热水器，每家平均拥有 0.41 台，需要说明的是，由于研究需要，表中只统计了电热水器的数量，而居民使用热水器的种类如燃气热水器和太阳能热水器等并未进行区分。表中数据还显示，每家平均拥有大约 1 台冰箱和 1 台洗衣机。家庭拥有电视机和空调的数量最多，其中每家平均拥有约 2.35 台电视机，空调 2.94 台。从每个家庭拥有近 3 台空调的现实状况来看，制定合理的空调使用政策以及推广具有节能性能的空调对减少住宅能耗具有重要的意义。家庭空调安装的数量也反映了居民对制冷和供热能耗的需求较高。

除电器数量外，居民生活方式其他变量均为虚拟变量。在入户调研的过程中，针对虚拟变量提出的问题，调研问卷也设置了相应的答案选项，分别为：0 没有 / 不会；1 不一定；2 有 / 会。为了方便将虚拟变量导入回归模型，本研究需要对收集的问卷信息做进一步数据处理。针对各变量收集的问题答案，本研究需要将其转化为两类：没有 / 不会；有 / 会。其中将问卷答案为 0 和 1 的数据统一转换为 0，将问卷答案为 2 的数据统一转换为 1。转换后各变量数据统计信息见表 3-13。

表3-13 各住宅样本生活方式数据统计

变量代码	变量表述	均值	样本量
Bah-b	离开房间会随手关灯取值为1，否则为0	88%	598
Bah-c	会将白炽灯更换为节能灯取值为1，否则为0	78%	598
Bah-d	会定期清理空调滤网取值为1，否则为0	65%	598
Bah-e	在夏季会将空调温度设定不低于26℃取值为1，否则为0	53%	598
Bah-f	在不使用电器时会关闭电源取值为1，否则为0	39%	598

从表中可以看出，受访者当中大多数人有离开房间随手关灯的习惯，占比约88%，约有78%的受访者会主动将家中白炽灯更换为节能灯，定期更换空调滤网的受访者约占65%，有一半的受访者会在夏天将家中空调温度设定在26℃及以上，但是在不使用电器时主动将电源断掉的受访者仅占39%，其原因可能是由于此行为不方便，或是顾虑经常开关电源会对电器造成损坏。总体来讲，宁波市居民的生活方式有利于节约住宅能耗。

3. 节能态度变量的统计与分析

对待节约用电的态度往往能够决定人们的日常生活行为，进而对家庭用电量产生影响。围绕与日常用电相关的话题，该影响因素取决于四个不同的变量，分别为：在选用家用电器时，带有节能标识的产品即使比一般产品贵，是否也会选择购买节能产品；为了节能，家庭是否非常注重节约用电；家庭是否非常愿意参加政府或社区组织的节能活动；家庭是否知道阶梯电价政策。节能态度所包含的四个变量均为虚拟变量，在入户调研的过程中，针对虚拟变量提出的问题，调研问卷设置的答案选项分别为：0不会/不是/不知道；1不一定/听说过，但不了解；2会/是/知道。与居民生活方式的虚拟变量处理方法相同，将问卷答案为0和1的数据统一转换为0，将问卷答案为2的数据统一转换为1。转换后的各变量数据统计信息见表3-14。

表 3-14　各住宅样本节能态度数据统计

变量代码	变量表述	均值	样本量
Att- a	倾向购买节能电器取值为 1，否则为 0	95%	598
Att- b	注重节约用电取值为 1，否则为 0	76%	598
Att- c	愿意参加节能活动取值为 1，否则为 0	60%	598
Att- d	知道阶梯电价政策取值为 1，否则为 0	98%	598

从表中可以看出，几乎所有受访者都倾向购买节能电器，并且知道阶梯电价的政策，所占比例分别高达 95% 和 98%，样本中注重节约用电的家庭所占比例为 76%。此外，统计数据还显示，愿意参加节能活动的家庭所占比例为 60%。总体来讲，宁波市居民普遍具有节能意识。

3.4 建成环境对总体住宅能耗影响的统计分析

基于本书第 2 章确立的研究思路框架，遵循从整体到局部，由一般到特殊的思路，本研究首先分析建成环境对总体住宅能耗的影响。借助回归模型量化分析各因素影响的前提是，确保各因素与住宅能耗存在相关性，否则，将无关因素导入分析模型会降低分析结果的可靠性。因此，本研究在分析了各因素与住宅能耗相关性的基础上，利用回归模型分析了各因素对住宅能耗的影响。

3.4.1 基于相关性分析预判总体住宅能耗与各影响因素的关系

因变量和自变量的相关性检验是回归分析的基础。通过相关性分析可以预判因变量与各自变量的关系。只有将与因变量存在显著相关性的自变量导入回归模型才有现实意义，所以进行回归分析时，需要把与因变量不存在显著相关性的自变量剔除。本研究采用的是 Pearson 相关性分析，按照相关性分析的惯例，当 $P < 0.05$ 时，说明因变量与自变量存在相关性，否则说明因变量与自变量不存在相关性。其中，存在相关性的变量又可分为 $P < 0.05$、$P < 0.01$、$P < 0.001$ 三种情况，系数越小相关性越强。相关性分析结果仅显示两个变量间的关系，并未考虑其他变量的影响。因变量与各自变量的相关性分析结果见表 3-15。

表 3-15 因变量与各自变量相关性分析结果统计

自变量	建成环境		家庭特征		居民生活方式		节能态度	
	P	Sig.	P	Sig.	P	Sig.	P	Sig.
ln$D$	− 0.285	0.000	—	—	—	—	—	—
ln$V$	− 0.384	0.000	—	—	—	—	—	—
ln$F$	− 0.107	0.009	—	—	—	—	—	—
W	0.170	0.000	—	—	—	—	—	—
T	0.191	0.000	—	—	—	—	—	—
TY	− 0.514	0.000	—	—	—	—	—	—
lnAR	0.594	0.000	—	—	—	—	—	—

自变量	建成环境		家庭特征		居民生活方式		节能态度	
	P	Sig.	P	Sig.	P	Sig.	P	Sig.
HW	− 0.002	0.965	—	—	—	—	—	—
lnHT	− 0.147	0.000	—	—	—	—	—	—
lnFam-P	—	—	0.337	0.000	—	—	—	—
lnFam-I	—	—	0.515	0.000	—	—	—	—
lnBah-a	—	—	—	—	0.573	0.000	—	—
lnBah-b	—	—	—	—	− 0.233	0.000	—	—
lnBah-c	—	—	—	—	0.001	0.971	—	—
lnBah-d	—	—	—	—	− 0.077	0.060	—	—
lnBah-e	—	—	—	—	− 0.132	0.001	—	—
lnBah-f	—	—	—	—	− 0.050	0.218	—	—
lnAtt-a	—	—	—	—	—	—	0.092	0.024
lnAtt-b	—	—	—	—	—	—	−0.151	0.000
lnAtt-c	—	—	—	—	—	—	− 0.112	0.006
lnAtt-d	—	—	—	—	—	—	− 0.056	0.173

注：Sig. ≤ 0.05 表明相关性显著，因变量为对数月均用电量。

　　从分析结果来看，墙体保温与对数月均用电量不存在相关性，这与预期结果不一致。本研究认为，这主要是由于住宅样本中具有墙体保温的家庭占比过高，达到了 94%，所以并不能体现出墙体保温与住宅用电量存在的关系。虽然样本中几乎所有家庭墙体都具有保温隔热效果，但是不同建造时期，墙体保温性能有所差别，一般而言，早期建成的住宅外墙保温效果不如后期建成的住宅。考虑到建筑外墙保温材料的使用与不同年代建筑节能规范有关，本研究将住宅样本按照建造年代进行分类，进一步分析建成环境对不同建造年代住宅（不同外墙保温材料住宅）能耗的影响，这也符合"由一般到特殊"的研究思路。此外，更换节能灯、空调清理、及时关闭电源、了解阶梯电价这些变量，与对数月均用电量并不存在相关性，因此在回归分析时需要将这些变量剔除。

3.4.2　基于回归模型解析建成环境对总体住宅能耗的影响

为了能够详细比较各类因素对住宅能耗的影响，本研究首先分析在不包含城市建成环境变量的情况下其他变量与住宅用电量的关系，在此基础上，研究继续分析加入城市建成环境变量后各自变量与住宅用电量的关系。其中，模型（3.1.1）不包含城市建成环境变量，模型（3.1.2）在模型（3.1.1）的基础上增加了微观层面建成环境变量，旨在检验微观层面各变量对住宅月均用电量的影响。模型（3.1.3）在模型（3.1.2）的基础上又增加了中观层面建成环境变量，旨在全面检验城市建成环境对住宅月均用电量的影响，分析结果见表3-16。

表3-16　总体住宅能耗模型回归分析结果

项目	模型（3.1.1）无城市建成环境变量		模型（3.1.2）加入微观层面变量		模型（3.1.3）加入中观层面变量	
	系数 B	Sig.	系数 B	Sig.	系数 B	Sig.
常量	0.768		0.999		2.839	
lnFam-P	0.424	0.000	0.419	0.000	0.404	0.000
lnFam-I	0.363	0.000	0.289	0.000	0.249	0.000
lnBah-a	0.619	0.000	0.329	0.000	0.346	0.000
Bah-b	−0.220	0.002	−0.131	0.062	−0.150	0.034
Bah-e	−0.025	0.570	−0.051	0.245	−0.044	0.306
Att-a	0.074	0.466	0.075	0.450	0.061	0.537
Att-b	−0.071	0.187	−0.030	0.578	−0.032	0.546
Att-c	0.058	0.206	0.065	0.144	0.077	0.090
TY	—	—	−0.364	0.001	−0.543	0.000
lnAR	—	—	0.199	0.006	0.149	0.063
lnHT	—	—	0.089	0.060	0.072	0.145
ln$D$	—	—			0.220	0.012
ln$V$	—	—			−0.193	0.049
ln$F$	—	—			−0.398	0.006
W	—	—			0.078	0.311
T	—	—			−0.074	0.262

续表 3-16

项目	模型（3.1.1）无城市建成环境变量		模型（3.1.2）加入微观层面变量		模型（3.1.3）加入中观层面变量	
	系数 B	Sig.	系数 B	Sig.	系数 B	Sig.
R^2/Adj-R^2	0.461/0.454		0.493/0.484		0.508/0.494	
F/Sig.	62.935/0.000		51.781/0.000		37.500/0.000	
N	598		598		598	

注：因变量为对数月均用电量。

通过比较模型（3.1.1）、模型（3.1.2）和模型（3.1.3）的 R^2 和调整 R^2 值可以发现，当依次向回归模型中增加不同的变量，住宅能耗模型的拟合度逐渐升高。其中，无城市建成环境变量的模型 R^2 值为 0.461。当加入微观层面建成环境变量之后，模型的调整 R^2 值由 0.454 增长到 0.484，增幅相对明显，这表明此类变量对模型具有较强的解释性。当再次加入中观层面建成环境变量之后，模型的调整 R^2 值仅由 0.484 增长到 0.494，增长幅度较小，这表明中观层面变量对模型的解释性弱于微观层面变量。

本研究重点分析拟合度较高的模型（3.1.3）结果。微观层面住宅类型变量系数显著为负，由于此变量为虚拟变量，用 1 代表单元式住宅，0 代表别墅类住宅，即表明在控制了模型中其他变量影响的情况下，别墅类住宅用电量高于单元式住宅；对数住宅面积的系数 Sig. 值大于 0.05，说明统筹考虑到各建成环境变量后，住宅面积并不能显著影响家庭用电量；对数建筑高度亦并不能显著影响家庭用电量。中观层面对数建筑密度系数显著为正，表明在控制了模型中其他变量影响的情况下，随着建筑密度的增加，住宅用电量增多；对数容积率的系数显著为负，表明随着容积率的增加，住宅用电量减少；对数建筑朝向的系数显著为负，表明住宅所在的建筑主立面与正南北方向所呈的夹角越趋向 90°，住宅用电量越少，而住宅是否临水和是否有树荫遮挡并不能显著影响家庭用电量。

依据变量系数的正负值可以定性地解释其与住宅用电量的关系，而通过变量系数的绝对值则可以从定量的角度分析其对住宅用电量的影响。需要说明的是，由于本研究已经对模型（3.1.3）中除随手关灯和住宅类型以外的各变量进行了取对数处理，故不存在定量变量的单位量级对其回归系数估算值产生的影响。例如，家庭收入的计量单位可以是元，也可以是万元，若采用不同的单位，回归系数的意义也有所不同。如果将变量取自然对数，那么就可以用百分比的形式表示变量间的相对变化，从而绕过了单位量级产生的困扰。本研究住宅能耗模型中同时包含定性变量和定量变量，不同类别的变量回归系数的解释有所差别。就定性变量而言，在同时考虑了模型中各自变量的影响效应下，随手关灯的回归系数为 −0.150，表示有此生活方式的家庭用电量比无此生活方式的家庭约低 15%；同理，别墅类住宅用电量比单元式住宅约高 54.3%。就定量变量而言，在同时考虑了模型中各自变量的影响效应下，对数常住人口的系数为 0.404，表示当家庭常住人口增加 100% 时，住宅用电量增加约 40.4%；同理，当家庭人均月收入增加 100% 时，住宅用电量增加约 24.9%；当电器数量增加 100% 时，住宅用电量增加约 34.6%；当社区建筑密度增加 1% 时，住宅用电量约增加 0.22%；社区容积率增加 1% 时，当住宅用电量减少约 0.193%；当住宅所在的建筑主立面趋向正南北方向布局时，建筑角度增加 1%，住宅用电量减少约 0.398%。

通过以上分析可以看出，在控制了家庭特征、个人生活方式以及节能态度等变量之后，建筑密度、容积率、住宅类型和建筑朝向可以对住宅能耗产生影响。对于宁波市，研究结果显示，随着建筑密度的增加，住宅用电量增加，随着容积率的增加住宅用电量降低。但研究结果显示住宅面积对用电量的影响并不显著，这与现有研究结论有所不同 [125]。其主要原因是面积要素对用电量的影响是基于人口、收入和电器对其的影响，回归分析控制了这些影响因素，导致面积对用电量的影响变得不显著。同时，可以看出住宅是否临水和是否有树荫遮挡也不能显著影响住宅用电量，这同样与国外的部分研究结论不一致。其原因主要是由于宁波市居住区布局特征与国外城市存在差别。以美国为例 [126]，美国住宅通常以低层建筑为主，建筑密度和容积率相对较低，但绿化和城市景观丰富，树木和水环境距离住宅较近，周围环境容易对住宅用能产生影响。而宁波市住宅通常以多层或者高层为主，建筑密度和容积率相对较高，社区内的树木和水环境相对较少，且一般都是作为景观存在，从本节研究结果来看，其并不能对住宅用能产生影响。

3.5　建成环境对不同类型住宅能耗影响的统计分析

通过现状调研发现，不同类型住宅的建成环境差异较大，为了更清楚揭示建成环境对住宅能耗的影响，有必要进一步分析各因素对不同类型住宅能耗的影响，这也符合"由一般到特殊"的研究思路。基于总体住宅样本，本研究分别筛选出单元式住宅和别墅类住宅样本，并以此构建了单元式住宅能耗分析模型和别墅类住宅能耗分析模型。

3.5.1　不同类型住宅能耗与各影响因素的数据统计

基于筛选出的样本，本研究分别统计了各类住宅能耗分析模型因变量和自变量的数据。

1. 因变量

本研究将住宅按照类别进行划分，分别统计了单元式和别墅类住宅能耗信息。

（1）单元式住宅能耗

本研究单元式住宅能耗是指，所有单元式住宅样本连续 12 个月的平均用电量。各单元式住宅样本月均用电量和其对数值的统计数据见表 3-17。

表 3-17　单元式住宅样本月均用电量基本统计

变量名称	样本量	最小值	最大值	均值	标准差
月均用电量（kW·h）	522	16.00	1261.95	205.68	119.60
对数月均用电量	522	2.77	7.14	5.17	0.57

从表中可以看出，基于 522 个单元式住宅样本算出的月均用电量的均值为 205.68 kW·h，略低于总体住宅样本月均用电量的平均值（264.15 kW·h），对数月均用电量的平均值为 5.17 kW·h，亦低于总体住宅样本对数月均用电量的平均值（5.30 kW·h）。此外，单元式住宅对数月均用电量的标准差为 0.57。

（2）别墅类住宅能耗

与单元式住宅类似，本研究别墅类住宅能耗是指，所有别墅类住宅样本连续12个月的平均用电量。各别墅类住宅样本月均用电量和其对数值的统计数据见表3-18。

表3-18　别墅类住宅样本月均用电量基本统计

变量名称	样本量	最小值	最大值	均值	标准差
月均用电量（kW·h）	76	23.95	2709.75	669.93	498.38
对数月均用电量	76	3.18	7.90	6.23	0.82

从表中可以看出，基于76个别墅类住宅样本算出的月均用电量的均值为669.93 kW·h，明显高于总体住宅样本月均用电量的平均值（264.15 kW·h），对数月均用电量的平均值为6.23 kW·h，亦高于总体住宅样本对数月均用电量的平均值（5.30 kW·h）。取对数后，别墅类住宅月均用电量的标准差为0.82。

2. 自变量

由于住宅样本按照类型进行了分类，所以自变量住宅类型不再适用于不同类型住宅能耗模型。除此之外，其他自变量均与总体住宅能耗模型的自变量相同，各类住宅能耗模型的自变量和其中非虚拟变量的对数值统计信息见表3-19。

表3-19　家庭特征变量对住宅能耗影响的部分研究

自变量	单元式住宅 N=522				别墅类住宅 N=76			
	最小值	最大值	均值	标准差	最小值	最大值	均值	标准差
建筑密度（%）	4.37	31.43	23.88	5.89	4.37	22.90	12.01	8.70
容积率	0.27	1.83	1.04	0.41	0.27	0.96	0.57	0.34
建筑朝向（°）	22.00	90.00	79.83	10.67	50.00	90.00	78.70	10.47
住宅临水	0	1	0.07	0.25	0	1	0.26	0.44
树荫遮挡	0	1	0.14	0.35	0	1	0.87	0.34

续表 3-19

自变量	单元式住宅				别墅类住宅			
	N=522				N=76			
	最小值	最大值	均值	标准差	最小值	最大值	均值	标准差
住宅面积（m²）	32.00	220.00	93.54	34.90	97.35	405.00	296.87	70.63
建筑高度（m）	10.80	83.70	24.59	16.17	6.00	51.00	12.20	9.60
常住人口（人）	1.00	7.00	3.06	1.12	2.00	6.00	3.34	1.15
人均月收入（元）	325	28 667	4110	2390	1500	55 000	12 196	11 988
电器数量（台）	1.00	15.00	6.98	1.92	5.00	22.00	13.45	3.91
随手关灯	0	1	0.92	0.28	0	1	0.61	0.49
更换节能灯	0	1	0.78	0.41	0	1	0.72	0.45
空调清理	0	1	0.66	0.47	0	1	0.55	0.50
夏季空调 26℃	0	1	0.54	0.50	0	1	0.49	0.50
关闭电源	0	1	0.39	0.49	0	1	0.38	0.49
购买节能产品	0	1	0.95	0.22	0	1	0.97	0.16
注重节约用电	0	1	0.79	0.41	0	1	0.57	0.50
参加节能活动	0	1	0.63	0.48	0	1	0.41	0.49
了解阶梯电价	0	1	0.98	0.15	0	1	0.97	0.16
对数建筑密度	1.47	3.45	3.13	0.34	1.47	3.13	2.18	0.80
对数容积率	−1.31	0.60	−0.03	0.38	−1.31	−0.04	−0.75	0.63
对数建筑朝向	3.09	4.50	4.37	0.15	3.91	4.50	4.36	0.14
对数住宅面积	3.47	5.39	4.47	0.38	4.58	6.00	5.66	0.29
对数建筑高度	2.38	4.43	3.06	0.49	1.79	3.93	2.35	0.49
对数常住人口	0.00	1.95	1.05	0.38	0.69	1.79	1.15	0.34
对数人均月收入	5.78	10.26	8.19	0.51	7.31	10.92	9.06	0.80
对数电器数量	0.00	2.71	1.90	0.30	1.61	3.09	2.55	0.32

注: N 代表样本量。

3.5.2 不同类型住宅能耗与各影响因素的关联性预判

不同类型住宅能耗模型因变量与自变量的相关性分析结果见表3-20。

表3-20　各类住宅因变量与各自变量相关性分析结果统计

自变量	单元式住宅		别墅类住宅	
	P	Sig.	P	Sig.
对数建筑密度	0.158	0.000	−0.264	0.021
对数容积率	−0.142	0.001	−0.290	0.011
对数建筑朝向	−0.113	0.010	−0.082	0.481
住宅临水	0.043	0.332	0.126	0.276
树荫遮挡	−0.181	0.000	0.077	0.508
对数住宅面积	0.406	0.000	0.305	0.007
对数建筑高度	0.116	0.008	−0.072	0.534
对数常住人口	0.382	0.000	0.141	0.225
对数人均月收入	0.345	0.000	0.447	0.000
对数电器数量	0.431	0.000	0.267	0.020
随手关灯	−0.098	0.025	−0.030	0.796
更换节能灯	0.045	0.303	−0.039	0.735
空调清理	−0.044	0.320	−0.059	0.610
夏季空调26℃	−0.169	0.000	0.027	0.815
关闭电源	−0.060	0.170	−0.030	0.794
购买节能产品	0.094	0.031	0.029	0.805
注重节约用电	−0.071	0.104	−0.090	0.439
参加节能活动	−0.048	0.273	−0.015	0.898
了解阶梯电价	−0.073	0.094	−0.003	0.980

注：Sig. ≤ 0.05 表明相关性显著，因变量为对数月均用电量。

从表中可以看出，就单元式住宅能耗模型而言，住宅临水、更换节能灯、空调清理、及时关闭电源、节约用电、参加节能活动和了解阶梯电价与对数月均用电量不存在相关性。就别墅类住宅能耗模型而言，只有对数建筑密度、对数容积率、对数住宅面积、对数人均月收入、对数电器数量五个变量与对数月均用电量显著相关，其他变量均与别墅类住宅能耗无关。回归分析时需要将与因变量无关的自变量剔除。

3.5.3 建成环境对不同类型住宅能耗影响的回归结果比较与解析

本研究同样采用依次向模型中导入家庭社会经济特征、生活方式、节能态度、微观层面和中观层面建成环境变量的方法，比较各影响因素对住宅能耗的影响，由此分别构建了不同的模型。其中，E 为总体住宅能耗，E_B 为单元式住宅能耗，E_V 为别墅类住宅能耗。各模型分析结果见表 3-21。

表 3-21　各类住宅能耗模型回归分析结果

自变量	E 模型	E_B 模型	E_V 模型
对数常住人口	0.404***	0.426***	n.s.
对数人均月收入	0.249***	0.211***	0.379***
对数电器数量	0.346***	0.361***	−0.190
随手关灯	−0.150**	−0.236***	n.s.
更换节能灯	n.s.	n.s.	n.s.
空调清理	n.s.	n.s.	n.s.
夏季空调 26℃	−0.044	−0.078	n.s.
关闭电源	n.s.	n.s.	n.s.
购买节能产品	0.061	0.067	n.s.
注重节约用电	−0.032	n.s.	n.s.
参加节能活动	0.077	n.s.	n.s.
了解阶梯电价	n.s.	n.s.	n.s.
住宅类型	−0.543***	—	—
对数住宅面积	0.149	0.133	0.351
对数建筑高度	0.072	0.088	n.s.
对数建筑密度	0.220**	0.194**	1.725
对数容积率	−0.193**	−0.195**	−2.287
对数建筑朝向	−0.398***	−0.492***	n.s.
住宅临水	0.078	n.s.	n.s.
树荫遮挡	−0.074	−0.064	n.s.

注：**$P < 0.05$ ***$P < 0.01$；"n.s."表示该变量与因变量不存在相关性；"—"表示该变量不适用于模型。

首先，纵向比较各模型不同变量对其住宅能耗的影响。在控制了模型中其他变量的情况下，单元式住宅能耗模型中，家庭特征各变量均对住宅能耗呈显著正相关影响。居民生活方式各变量，只有电器数量和随手关灯对住宅能耗有显著影响，其他变量则不会对家庭用电产生影响，系数显示，随着电器数量的增加住宅用电量也会增加，有随手关灯习惯的家庭用电量减少。节能态度和微观层面建成环境各变量均不会对住宅用电量产生显著的影响。中观层面建成环境变量除住宅临水和树荫遮挡外，其他变量均会对单元式住宅能耗产生显著的影响，系数显示，随着建筑密度的增加住宅用电量也会增加，但随着容积率的增加住宅用电量会减少，建筑越趋向正南北方向布局住宅用电量越会减少，其中，建筑朝向对用电量的影响程度最大，而建筑密度和容积率的影响程度相当。

别墅类住宅能耗模型中除家庭人均月收入变量外，其他变量均不会对住宅用电量产生影响，系数显示，随着人均月收入的增加住宅用电量也会增加。

其次，横向比较各建成环境变量对不同类型住宅能耗的影响。由于别墅类住宅能耗模型中，各建成环境变量均不会对其住宅能耗产生影响，故研究只比较各变量对单元式住宅和总体住宅能耗的影响。在控制模型中其他变量的情况下，住宅面积、建筑高度、住宅临水和树荫遮挡并不能显著影响单元式住宅能耗，其他建成环境变量中，就对数建筑密度而言，结果表明随着社区建筑密度的增加，总体住宅能耗和单元式住宅能耗均会增加。从各模型该变量的系数绝对值来看，当建筑密度增加1%，总体住宅能耗和单元式住宅能耗分别增加0.22%和0.194%。由此可见，建筑密度对总体住宅能耗的影响程度大于单元式住宅能耗。

就对数容积率而言，结果表明，随着社区容积率的增加，总体住宅能耗和单元式住宅能耗均会减少。从各模型该变量的系数绝对值来看，当容积率增加1%时，总体住宅能耗和单元式住宅能耗分别减少0.193%和0.195%。由此可见，容积率对总体住宅能耗的影响程度与单元式住宅相当。

就对数建筑朝向而言，结果表明，随着住宅所在的建筑主立面与正南北方向所呈的夹角越趋向90°，总体住宅能耗和单元式住宅能耗均会减少。从各模型该变量的系数绝对值来看，住宅所在的建筑主立面趋向正南北方向布局时，建筑角度增加 1%，住宅用电量分别减少 0.398% 和 0.492%。由此可见，建筑朝向对单元式住宅能耗的影响程度大于总体住宅能耗。

通过以上分析得知，建筑密度、容积率和建筑朝向仅对单元式住宅能耗有显著影响，而建成环境各变量均不能显著影响别墅类住宅能耗。此外，与总体住宅能耗相比，建筑密度对单元式住宅能耗影响程度相对较弱，建筑朝向对单元式住宅能耗的影响程度相对较强。其主要原因是单元式住宅建筑密度变化相对较小，而总体住宅样本这种变化幅度相对较大，所以导致土地开发强度对单元式住宅影响程度变小。同时，建筑朝向对单元式住宅布局至关重要，但对于别墅类住宅则无显著影响，因此对总体住宅而言，建筑朝向的影响程度有所弱化。

3.6 建成环境对不同时期住宅能耗影响的统计分析

基于现状调研可知，虽然本研究住宅样本中约有 94% 的家庭墙体具有保温性能，但由于不同建造时期的墙体保温性能、样式和材质、设计和施工规范等有所差别，为了更清楚分析建成环境对不同外墙保温材料住宅能耗的影响，本研究将住宅样本按照不同建造年代进行分类研究。此外，不同建造时期住宅周围的建成环境，如开发强度、绿化率等，亦有很大的差别。为了更详细揭示建成环境对住宅能耗影响，有必要进一步分析各因素对不同时期住宅能耗的影响作用。

将住宅按不同时期分类主要考虑到两方面因素：第一，宁波市属于夏热冬冷地区，《夏热冬冷地区居住建筑节能设计标准》JGJ 134—2001 实施的时间是2001 年，参照该时间节点可以对住宅样本进行划分；第二，由于需要对比各因素对不同时期住宅能耗的影响，所以住宅样本的划分还需要考虑到各组样本数量的均衡性。综上所述，本研究按照调研获取的居住小区建成年份，将住宅样本划分为两类：一类是 1978—2002 年建成的住宅样本，称之为"早期建成住宅"；另一类是 2003—2013 年建成的住宅样本，称之为"后期建成住宅"。基于总体住宅样本，本研究分别筛选出早期建成住宅和后期建成住宅样本，并以此构建了早期建成住宅能耗分析模型和后期建成住宅能耗分析模型。

3.6.1 不同时期住宅能耗与各影响因素的数据统计

基于筛选出的样本，本研究分别统计了各模型因变量和自变量的数据。

1. 因变量

本研究将所有住宅按照建成时间进行划分，分别统计了早期建成住宅和后期建成住宅能耗信息。

（1）早期建成住宅能耗

本研究早期建成住宅能耗指的是，所有在 1978—2002 年建成的住宅样本连续 12 个月的平均用电量。各早期建成住宅样本月均用电量和其对数值的统计数据见表 3-22。

表 3-22 早期建成住宅样本月均用电量基本统计

变量名称	样本量	最小值	最大值	均值	标准差
月均用电量	310	19.25 kW·h	1 314.55 kW·h	238.04 kW·h	177.48
对数月均用电量	310	2.96	7.18	5.28	0.61

从表中可以看出，基于 310 个早期建成住宅样本算出的月均用电量为 238.04 kW·h，略低于总体住宅样本月均用电量的平均值（264.15 kW·h），对数月均用电量的平均值为 5.28 kW·h，亦低于总体住宅样本对数月均用电量的平均值（5.30 kW·h）。早期建成住宅对数月均用电量的标准差为 0.61。

（2）后期建成住宅能耗

本研究后期建成住宅能耗指的是，所有在 2003—2013 年建成的住宅样本连续 12 个月的平均用电量。各后期建成住宅样本月均用电量和其对数值的统计数据见表 3-23。

表 3-23 后期建成住宅样本月均用电量基本统计

变量名称	样本量	最小值	最大值	均值	标准差
月均用电量	288	16.00 kW·h	2 709.75 kW·h	292.25 kW·h	324.63
对数月均用电量	288	2.77	7.90	5.33	0.79

从表中可以看出，基于 288 个后期建成住宅样本算出的月均用电量的均值为 292.25 kW·h，略高于总体住宅样本月均用电量的平均值（264.15 kW·h），对数月均用电量的平均值为 5.33 kW·h，亦高于总体住宅样本对数月均用电量的平均值（5.30 kW·h）。后期建成住宅月均用电量的标准差为 0.79。

2. 自变量

考虑到需要横向比较各城市建成环境变量对不同时期住宅能耗的影响，本节研究自变量的种类与总体住宅能耗模型相同，不同时期住宅能耗模型的自变量和其中非虚拟变量的对数值统计信息见表3-24。

表3-24　不同时期住宅能耗模型自变量统计

自变量	早期建成住宅 N=310				后期建成住宅 N=288			
	最小值	最大值	均值	标准差	最小值	最大值	均值	标准差
建筑密度（%）	22.90	31.43	27.09	3.66	4.37	25.78	17.29	7.14
容积率	0.79	1.83	1.19	0.45	0.27	0.96	0.76	0.27
建筑朝向（°）	22.00	90.00	77.58	9.36	30.00	90.00	81.95	11.47
住宅临水	0	1	0.05	0.22	0	1	0.13	0.34
树荫遮挡	0	1	0.10	0.30	0	1	0.38	0.49
住宅类型	0	1	0.93	0.25	0	1	0.83	0.38
住宅面积（m²）	32.00	330.00	102.3	58.56	40.00	405.00	137.8	93.39
建筑高度（m）	6.00	51.30	16.90	5.57	9.00	83.70	29.52	20.36
常住人口（人）	1.00	7.00	3.05	1.06	1.00	6.00	3.15	1.19
人均月收入（元）	325	28 667	4 892	2 853	625	55 000	5 401	7 358
电器数量（台）	1.00	21.00	7.35	2.27	2.00	22.00	8.30	3.79
随手关灯	0	1	0.89	0.31	0	1	0.86	0.35
更换节能灯	0	1	0.84	0.37	0	1	0.70	0.46
空调清理	0	1	0.75	0.44	0	1	0.54	0.50
夏季空调26℃	0	1	0.45	0.50	0	1	0.61	0.49
关闭电源	0	1	0.47	0.50	0	1	0.30	0.46
购买节能产品	0	1	0.97	0.17	0	1	0.93	0.25
注重节约用电	0	1	0.87	0.34	0	1	0.65	0.48
参加节能活动	0	1	0.56	0.50	0	1	0.65	0.48
了解阶梯电价	0	1	0.98	0.13	0	1	0.97	0.17
对数建筑密度	3.13	3.45	3.29	0.14	1.47	3.25	2.71	0.62
对数容积率	-0.24	0.60	0.11	0.35	-1.31	-0.04	-0.37	0.48
对数建筑朝向	3.09	4.50	4.34	0.14	3.40	4.50	4.39	0.16
对数住宅面积	3.47	5.80	4.49	0.51	3.69	6.00	4.76	0.55
对数建筑高度	1.79	3.94	2.78	0.33	2.20	4.43	3.17	0.64

续表 3-24

| 自变量 | 早期建成住宅 | | | | 后期建成住宅 | | | |
| | N=310 | | | | N=288 | | | |
	最小值	最大值	均值	标准差	最小值	最大值	均值	标准差
对数常住人口	0.00	1.95	1.05	0.36	0.00	1.79	1.07	0.39
对数人均月收入	5.78	10.26	8.38	0.47	6.44	10.92	8.22	0.76
对数电器数量	0.00	3.04	1.95	0.32	0.69	3.09	2.02	0.42

注：N 代表样本量。

　　从表中可以看出，就建成环境变量而言，早期建成住宅所在的社区建筑密度和容积率普遍高于后期建成住宅所在的社区。后期建成住宅与早期建成住宅相比，建筑朝向更趋向朝正南北方向布局。后期建成住宅户外开敞空间、水环境和绿化相对更加丰富。早期建成住宅单元式所占比例较大。后期建成住宅面积和建筑高度普遍大于早期建成住宅。就家庭特征而言，不同时期住宅家庭常住人口相差不大，但后期建成住宅家庭的人均月收入相对较高。就居民生活方式而言，后期建成住宅家庭家用电器数量相对较多，但早期建成住宅居民生活方式更有利于节约住宅能耗。就节能态度而言，早期建成住宅居民相对更具有节能意识。

3.6.2　不同时期住宅能耗与各影响因素的关联性预判

　　不同时期住宅能耗模型因变量与自变量的相关性分析结果见表 3-25。

表 3-25　不同时期住宅因变量与各自变量相关性分析结果统计

| 自变量 | 早期建成住宅 | | 后期建成住宅 | |
	P	Sig.	P	Sig.
对数建筑密度	−0.165	0.004	−0.389	0.000
对数容积率	−0.226	0.000	−0.540	0.000
对数建筑朝向	−0.014	0.802	−0.190	0.001
住宅临水	0.152	0.007	0.176	0.003
树荫遮挡	0.110	0.054	0.232	0.000

自变量	早期建成住宅		后期建成住宅	
	P	Sig.	P	Sig.
住宅类型	−0.410	0.000	−0.577	0.000
对数住宅面积	0.497	0.000	0.690	0.000
对数建筑高度	−0.280	0.000	−0.140	0.017
对数常住人口	0.244	0.000	0.409	0.000
对数人均月收入	0.386	0.000	0.601	0.000
对数电器数量	0.519	0.000	0.606	0.000
随手关灯	−0.181	0.001	−0.252	0.000
更换节能灯	−0.054	0.345	0.049	0.411
空调清理	−0.113	0.047	−0.040	0.495
夏季空调 26℃	−0.149	0.009	−0.136	0.021
关闭电源	−0.123	0.030	0.026	0.663
购买节能产品	−0.030	0.600	0.166	0.005
注重节约用电	−0.204	0.000	−0.114	0.054
参加节能活动	0.049	0.391	−0.262	0.000
了解阶梯电价	−0.021	0.714	−0.074	0.209

注：Sig. ≤ 0.05 表明相关性显著，因变量为对数月均用电量。

从表中可以看出，就早期建成住宅能耗模型而言，对数建筑朝向、树荫遮挡、更换节能灯、购买节能产品、参加节能活动和了解阶梯电价与对数月均用电量不存在相关性。就后期建成住宅能耗模型而言，更换节能灯、空调清理、及时关闭电源、注重节约用电和了解阶梯电价与对数月均用电量不存在相关性。

3.6.3 建成环境对不同时期住宅能耗影响的回归结果比较与解析

本研究同样采用依次导入不同类别变量的方法构建了不同的模型。其中，E 为总体住宅能耗，E_F 为早期建成住宅能耗，E_A 为后期建成住宅能耗。各模型分析结果见表 3-26。

表 3-26　不同时期住宅能耗模型回归分析结果

自变量	E 模型	E_F 模型	E_A 模型
对数常住人口	0.404***	0.268***	0.533***
对数人均月收入	0.249***	0.274***	0.233***
对数电器数量	0.346***	0.584***	0.098
随手关灯	−0.150**	−0.121	−0.121
更换节能灯	n.s.	n.s.	n.s.
空调清理	n.s.	−0.060	n.s.
夏季空调 26℃	−0.044	−0.056	0.014
关闭电源	n.s.	−0.058	n.s.
购买节能产品	0.061	n.s.	0.072
注重节约用电	−0.032	−0.193**	n.s.
参加节能活动	0.077	n.s.	0.066
了解阶梯电价	n.s.	n.s.	n.s.
住宅类型	−0.543***	−0.838***	−0.366
对数住宅面积	0.149	0.001	0.355**
对数建筑高度	0.072	0.267	0.040
对数建筑密度	0.220**	0.329	0.279**
对数容积率	−0.193**	−0.074	−0.376**
对数建筑朝向	−0.398***	n.s.	−0.602***
住宅临水	0.078	0.208	0.000
树荫遮挡	−0.074	n.s.	−0.080

注: **P < 0.05 ***P < 0.01; "n.s."表示该变量与因变量不存在相关性。

　　首先，纵向比较各模型不同变量对其住宅能耗的影响。在控制模型中其他变量的情况下，早期建成住宅能耗模型中，家庭特征各变量均对住宅能耗呈显著正相关影响。居民生活方式各变量只有电器数量对住宅能耗有显著影响。节能态度各变量只有注重节约用电对住宅能耗有显著影响。微观层面各变量中只有住宅类型对住宅能耗有显著影响，而中观层面建成环境各变量均不会对住宅用电量产生显著的影响。

　　后期建成住宅能耗模型中，家庭特征各变量均对住宅能耗有显著正相关影响，这与早期建成住宅能耗模型的情况相同。但居民生活方式和节能态度各变量均不会对住宅用电量产生显著的影响。微观层面各变量中只有住宅面积对住宅能耗有显著影响，系数显示，随着住宅面积的增大家庭用电量也会增高，这与之前的各类住宅能耗模型有所不同。中观层面建成环境变量均会对住宅能耗产生显著的影响，其中，建筑朝向对用电量的影响程度最大，容积率的影响程度其次，而建筑密度对用电量的影响程度最低。

其次，横向比较各建成环境变量对不同时期住宅能耗的影响。在控制模型中其他变量的情况下，住宅类型在总体住宅能耗模型和早期建成住宅能耗模型中系数显著为负，从各模型该变量的系数绝对值来看，总体住宅和早期建成住宅中，别墅类住宅用电量比单元式住宅分别高约 54.3% 和 83.8%。由此可见，住宅类型对早期建成住宅能耗的影响程度高。就对数住宅面积而言，其只对后期建成住宅能耗产生显著影响，当住宅面积增加 1% 时，家庭用电量就增加了 0.355%。

最后，建筑密度、容积率和建筑朝向均只对总体住宅和后期建成住宅能耗有显著影响，且均是对后期住宅能耗影响程度较大。从各模型该变量的系数绝对值来看，当建筑密度增加 1% 时，总体住宅能耗和后期建成住宅能耗分别增加 0.22% 和 0.279%，当容积率增加 1% 时，总体住宅能耗和后期建成住宅能耗分别减少 0.193% 和 0.376%，当住宅所在的建筑主立面趋向正南北方向布局时，建筑角度每增加 1%，总体住宅能耗和后期建成住宅能耗分别减少 0.398% 和 0.602%。

综合本章统计分析，住宅类型只对总体住宅能耗和早期建成住宅能耗有影响，住宅面积只对后期建成住宅能耗有影响，建筑密度、容积率和建筑朝向对总体住宅、单元式住宅和后期建成住宅能耗有影响。可以看到，在所有住宅能耗模型中，住宅面积只对后期住宅能耗有显著影响，与其他住宅相比，后期建成住宅平均面积相对较大，因此，在控制人口、收入和电器数量等变量的情况下，只有当住宅面积增加到一定程度后，其对能耗的影响才开始显现，而这种影响在面积相对较小的时候并不显著。此外，从影响程度来看，住宅类型对早期建成住宅能耗影响程度最高，这主要是因为早期住宅外墙节能效果较差，导致住宅类型对住宅能耗的影响程度增加。建筑密度、容积率和建筑朝向均是对后期建成住宅能耗的影响程度最大，这主要是因为后期建成的住宅节能效果提升后，使得开发强度和空间布局对其能耗影响变得更明显。

3.7　生活行为导向下建成环境对住宅能耗的影响解析

由一般到特殊，本章研究分别构建了总体住宅、不同类型住宅和不同时期住宅能耗分析模型，基于量化分析发现，建筑密度、容积率、建筑朝向、住宅类型和住宅面积五个变量在不同层面可以改变住宅室内外的微环境，进而通过居民的用能行为对住宅能耗产生不同程度的影响。

1. 建筑密度

对于宁波市而言，总体上看，建筑密度对住宅能耗呈显著正相关影响。但如果以不同类型和不同时期建成的住宅为基础建模，建筑密度对单元式住宅和后期建成住宅能耗的正相关影响显著，而对别墅类住宅和早期建成住宅能耗无显著影响。笔者认为，与别墅类住宅和早期建成住宅相比，单元式住宅和后期建成住宅开发强度相对较大，所以此类住宅能耗受到由开发强度引起的室外热岛效应的影响更加明显。

正如本书第 2 章所分析的那样，建筑密度对住宅能耗的影响目前还没有达成一致的结论。例如，皮特（Pitt）[65] 的研究认为，居住在开发密度较高的社区有助于减少家庭温室气体排放，而艾维西泽（Krishan）[66] 等人的研究则认为，建筑密度较高的社区不利于建筑自身热量的散失，同时高密度的建成环境还会进一步加剧城市热岛效应，从而增加住宅能耗。从上面回归模型分析的结果来看，本研究支持后一种观点。同时，笔者认为，现有研究结论中，建筑密度对住宅能耗的影响存在差异是由于气候环境这一因素造成的。通过对比不同的研究结果发现，密度类变量对住宅能耗影响呈显著负相关的住宅，通常比呈显著正相关的所在纬度要高。由于较高纬度地区的住宅全年供热能耗需求相对较多，而开发密度越高通常会形成局部的热岛效应，提高了局部地区的室外温度。从能耗方面来看，这种建成环境有利于较高纬度地区的住宅，但不利于较低纬度地区的住宅。因此，相对较高纬度地区密度类变量对住宅用电量通常呈负相关影响，而较低纬度地区通常呈正相关影响。笔者在研究天津市生态城区（北纬 39° 左右）建成环境对居民用电量的影响时，亦发现建筑密度对用电量有显著负相关的影响。

综上所述，宁波市建筑密度对住宅用电量的影响体现在两个方面：第一，居民在使用空调等家电设备时会产生大量的热，在高密度的城市建成环境中，热量不易散失，聚集后会增强局部地区的热岛效应，使住宅周围温度升高，从而增加了家庭全年的制冷能耗；第二，建筑密度减少后可以在建筑之间形成更多的通风廊道，有利于提高住宅室内的自然通风，进而可以减少家庭全年的制冷能耗和通风能耗。

2. 容积率

对于宁波市而言，如果以所有住宅样本为基础建模，容积率对住宅能耗呈显著负相关影响。但如果以不同类型和不同时期建成的住宅为基础建模，容积率对单元式住宅和后期建成住宅能耗的负相关影响显著，而对别墅类住宅和早期建成住宅能耗无显著影响。容积率作为衡量开发强度的指标之一，表现出与建筑密度类似的影响趋势，均是对开发强度较大的单元式住宅能耗有显著的影响，这同样反映了由开发强度引起的室外微环境变化能显著影响住宅能耗。

笔者认为，容积率对家庭用电量的影响，主要是由于建筑阴影降低了住宅室外温度所致。容积率较高的社区住宅建筑投射到地面的阴影面积相对较大，与裸露在阳光下的地面相比，有阴影的地面温度相对较低，从而使住宅周围的气温降低。对于宁波市而言，这种现象可以有效减少居民的制冷能耗。横向对比各模型的分析结果可以看出，容积率对住宅用电量的影响在后期建成住宅中表现得尤为明显，而对早期建成住宅则无显著影响。基于对现状的调研发现，后期建成住宅的建筑高度约为早期建成住宅的两倍，因此，从这个角度也可以说明，容积率可以通过建筑阴影来影响家庭用能。需要指出的是，作为衡量开发强度的建成环境指标，建筑密度和容积率虽然能够通过改变室外微环境来影响住宅能耗，但影响程度低于其他建成环境变量。

目前，将容积率作为自变量分析其对住宅能耗影响的研究相对较少。这主要是由于该变量对于国外的建成环境适用性较弱，正如住宅临水和树荫遮挡，在国外的研究中证明它们可以对住宅用能产生显著影响，而在本研究中则证明其与家庭用电无关。因此，本研究关于容积率对住宅用电量的影响结果，可以为今后的相关研究提供借鉴和参考。

3. 建筑朝向

总体上看，建筑朝向对住宅能耗有显著负相关影响，即住宅所在的建筑主立面越趋向正南北方向布局，居民的用电量越低。现有部分研究结论也证明了这一观点。例如，利特尔费尔（Littlefair）[46] 的研究认为，英国伦敦朝向正南方向的住宅，接收太阳能辐射量明显多于朝向正西方向的住宅。但如果以不同类型和不同时期建成的住宅为基础建模，建筑朝向仅对单元式住宅和后期建成住宅能耗的负相关影响显著，对别墅类住宅和早期建成住宅能耗无显著影响，这与建筑密度和容积率对住宅能耗的影响趋势相似。

我们认为，在控制其他变量影响的情况下，住宅朝向对家庭用电量的影响主要是采光和通风的缘故。基于现状调研发现，本研究住宅样本所在的建筑主立面与正南北方向所呈的夹角在 22° ~ 90° 之间，建筑主立面与正南北方向所呈角度越接近 90°，住宅可以接收到的采光量就越多。采光对于减少住宅用电量影响主要体现在两个方面：第一，充足的阳光照射可以满足居民日常生活的采光照明需求，尤其是位于层数较低的家庭，对于采光照明的需求更强烈，因此住宅越朝向正南北方向越有利于节约用电量；第二，阳光照射也意味着太阳能的射入，家庭接收更多的阳光照射，有利于住宅对主动式太阳能和被动式太阳能的利用，从而减少了住宅用电量。此外，宁波市夏季盛行东南风，冬季盛行西北风，住宅建筑接近正南朝向布局能够避免住宅楼间产生涡流现象，有利于季风在建筑之间流通，进而可以提高住宅室内通风效果。

就影响程度而言，在总体住宅能耗模型中，建筑朝向是所有中观层面建成环境变量中对住宅能耗影响程度最高的，影响系数为 −0.398，其在单元式住宅和后期建成住宅能耗模型中，影响程度均高于其他城市建成环境变量。横向比较建筑朝向对各类住宅能耗的影响可以看出，其对后期建成住宅能耗的影响程度最高，影响系数为 −0.602。因此，宁波市未来规划建设应充分考虑建筑朝向对住宅能耗的影响作用。

4. 住宅类型

本研究在总体住宅和不同时期建成住宅能耗模型中分析了该变量。总体上看，住宅类型对用电量的影响呈显著负相关，即别墅类住宅用电量大于单元式住宅。这与现有许多研究结论相一致。例如，尤因（Ewing）[12]等人的研究发现，单户独立住宅家庭，比多户住宅家庭多消耗约54%的供热能耗和约26%的制冷能耗。卡扎（Kaza）[40]的研究也发现，多户住宅家庭平均能耗仅为单户独立住宅家庭的50%。但如果以不同时期建成的住宅为基础建模，住宅类型仅对早期建成住宅能耗有显著负相关影响，而对后期建成住宅无显著影响。

笔者认为，在控制家庭总人数、经济收入、住宅面积等变量影响的情况下，住宅类型对家庭用电量的影响主要是由住宅体形系数所致。就本研究而言，住宅样本的类型分为两类：一类是以多层、小高层和高层为主的单元式住宅，如洪塘社区；一类是以两层、三层为主的别墅类住宅，如东湖观邸社区。单元式住宅为一梯两户或多户，该类型的住宅内部共享墙体相对较多，因此住宅本身积蓄的热量能够在其室内进行转换，而别墅类住宅内部所具有的共享墙体相对较少，该类型的住宅直接与外界接触的墙体表面所占比例相对较多，因此室内温度受外界气温影响较大，本身的蓄热性能较差。假设两种类型的住宅体量相同，由于单元式住宅外表面积相对较少，即体形系数相对较小，所以其不易从室外得到或向室外散失热量，因此住宅的能耗相对较低。横向对比各模型的分析结果可以看出，住宅类型对早期建成住宅能耗有显著影响，而对后期建成住宅能耗无显著影响。不同时期住宅建筑材质的节能性存在差异，早期建成住宅的建筑材质节能性相对较差，所以住宅室内温度受室外微环境的影响较大，而后期建成住宅由于建筑材质节能性的提升，使得住宅室内温度受室外影响较小，所以住宅类型对其无显著影响。因此，从这个角度也可以说明：住宅类型主要是通过体形系数来影响家庭用能。

就影响程度而言，在总体住宅能耗模型中，住宅类型变量的影响系数为 −0.543，高于其他建成环境变量。此外，综合考虑建筑密度和住宅类型对住宅用电量的影响可以看出，虽然建筑密度与住宅用电量的双变量相关性呈显著负相关，但是回归分析显示其与住宅用电量呈显著正相关，而住宅类型与住宅用电量的双变量相关性分析和回归分析结果一致，均呈显著负相关。本研究已经证明，建筑密度与住宅类型存在关联，即别墅类住宅多分布在建筑密度相对较低的社区。因此，从这个角度也可以说明，住宅类型对住宅用电量的影响程度高于建筑密度。

5. 住宅面积

　　基于各模型的分析结果表明，住宅面积仅对后期建成住宅能耗有显著正相关影响。现有许多研究结论也显示，住宅面积对住宅能耗有显著正相关影响。例如，赫斯特（Hirst）[108] 等人的研究认为，住宅面积是影响家庭用能的关键因素。此外，敏（Min）[127] 等人的研究也认为，在其他影响因素均相同的情况下，对住宅能耗起关键作用的影响因素是住宅面积。但是本研究发现，就后期建成住宅能耗而言，住宅面积对其影响程度相对较弱。

　　笔者认为，在控制家庭总人数、经济收入、生活方式、住宅类型等变量影响的情况下，住宅面积对家庭用电量的影响，主要是由满足采光通风等生活需求所致。就本研究而言，住宅样本的面积可以归为三类：$50 \sim 90 \ m^2$、$100 \sim 130 \ m^2$、$200 \ m^2$ 以上。假设房屋具有相同的层高，那么住宅面积越大则房屋体积越大，从而对采光通风、制冷供热等用能的需求也更多。这种现象在后期建成住宅尤为明显，与早期建成住宅相比，后期建成住宅面积普遍偏大，当室内面积增大后，对各种生活用能的需求也相应增多，所以面积对能耗的影响也更加凸显。

　　通过与国外部分研究对比发现，本研究住宅面积对用电量的影响程度相对较低，这主要是因为分析过程中选取的变量不同。就本研究而言，回归模型中同时包含了住宅面积、家庭特征等变量，且从回归分析结果可以看出，家庭特征对用电量的影响程度高于住宅面积。当我们将家庭特征变量去掉后，住宅面积的系数明显增加。因此，在统筹考虑各方面的影响因素后，本研究发现住宅面积对用电量的影响程度低于家庭特征。

第4章 建成环境对交通出行能耗的影响研究

基于本书第1章相关研究文献可知，目前关于建成环境对交通出行的影响研究多以交通出行行为为主，例如城市建成环境对出行距离[128-129]、出行时间[130-131]、出行方式[132-133]等出行行为的影响，从交通出行能耗角度展开的研究相对较少，且已有研究案例仍是以国外城市为主，我国城市建成环境特征与国外有很大差别，国外研究结果对我国城市的适用性有待进一步验证。虽然部分研究已经分析了建成环境对交通出行能耗的影响，但是研究结论相对模糊，如果以不同出行目的和不同出行方式为基础建模，可能会有不同的研究结果。此外，现有研究很少将建成环境对住宅能耗和交通出行能耗影响进行有效整合，尚未清晰揭示建成环境对住宅能耗和交通出行能耗的影响程度。因此，本章基于9个社区样本和22 112个交通出行样本，利用回归模型解析了建成环境各要素对交通出行能耗的影响。研究结果一方面可以提供更多的经验证据，证明不同的建成环境对交通总出行、不同出行目的和不同出行方式能耗产生了怎样影响，另一方面可以与住宅能耗相比较，揭示建成环境对不同生活能耗的影响程度。

4.1　与交通出行能耗相关的建成环境各要素特征辨析

基于本书第 2 章搭建的理论架构，建成环境与交通出行能耗的关联主要体现在土地开发强度、土地混合利用程度、道路网密度、道路网连接形式和道路交通设施五个方面。故本节将从开发强度、土地混合利用程度、目的地可达性、道路网密度、路网布局形式、公交站邻近度等方面展开对现状建成环境特征的分析。除路网布局形式为定性描述外，其他要素均通过定量比较的方式，分析各样本社区建成环境的状况。

4.1.1　开发强度分布规律

开发强度可以用建筑密度等指标表示，但是考虑到出行行为是由人产生的，且建筑密度和容积率较大的片区，人口密度也相对较大，所以，从交通出行能耗产生机理角度出发，用人口密度来体现开发强度更为贴切。

本研究中的人口密度指的是：单位面积内居住人口与工作人口之和，它反映了各样本社区每平方千米土地的总人口。人口密度的计算公式为：

$$D_i = \frac{P_{ri} + P_{wi}}{A_i} \tag{4-1}$$

式中：D_i——第 i 个社区的人口密度（人 /km^2）；

P_{ri}——第 i 个社区的居住人口（人）；

P_{wi}——第 i 个社区的工作人口（人）；

A_i——第 i 个社区的面积（km^2）。

基于式（4-1）得出各交通小区人口密度的平均值约为 15 360 人 /km^2，各交通小区人口密度分布如图 4-1 所示。可以看出，宁波市三江口中心片区人口密度最高，以此片区为中心向外呈现出较为明显的圈层式递减的特征。

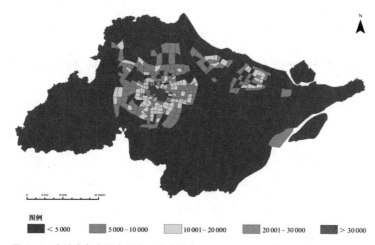

图 4-1　宁波市各交通小区人口密度分布

就社区样本而言，其人口密度见表 4-1、图 4-2。

表 4-1　各样本社区人口密度统计（人 /km²）

社区编号	社区名称	居住人口密度	工作人口密度	总人口密度
C1	三江口老城区社区	9 777	38 114	47 891
C2	南部商务区社区	6 808	26 336	33 144
C3	东部新城社区	1 050	26 682	27 732
C4	世纪东方综合体商圈社区	5 994	3 210	9 204
C5	高新区社区	2 419	22 180	24 599
C6	高塘社区	11 885	8 787	20 672
C7	鄞州居住社区	9 196	20 232	29 428
C8	洪塘社区	22 842	6 582	29 424
C9	东湖观邸社区	4 286	1 636	5 922

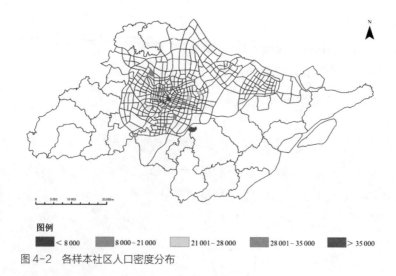

图 4-2　各样本社区人口密度分布

从图中并不能看出人口密度分布的规律，但是，表中居住人口密度和工作人口密度的比例可以反映出各样本社区的性质。由于高塘社区、洪塘社区和东湖观邸社区为居住类社区，所以其居住人口密度大于工作人口密度；南部商务区社区、东部新城社区和高新区社区为商业类社区，所以，其工作人口密度大于居住人口密度；其他三个社区为混合类社区，因此，其居住人口密度和工作人口密度的比例介于居住类社区和商业类社区之间。

4.1.2　土地混合利用程度差异

土地混合利用程度指的是，一定区域内不同功能用地所占比重的状况，单位面积内土地功能种类越多，则混合利用程度越高。按照最新用地分类标准，本研究利用各样本社区现状用地的 CAD 电子数据，分别对各社区内的用地性质进行了统计、核算。参考拉贾马尼（Rajamani）[134] 在研究城市形态对出行模式选择的影响时计算土地混合利用的方法，本研究土地混合利用程度的计算公式为：

$$M_i = 1 - \left\{ \frac{\left|\frac{r_i}{T_i} - \frac{1}{4}\right| + \left|\frac{c_i}{T_i} - \frac{1}{4}\right| + \left|\frac{m_i}{T_i} - \frac{1}{4}\right| + \left|\frac{o_i}{T_i} - \frac{1}{4}\right|}{\frac{3}{2}} \right\} \tag{4-2}$$

式中：M_i——第 i 个社区的土地混合利用程度；

r_i——第 i 个社区居住用地（R）面积（km^2）；

c_i——第 i 个社区商业设施用地（B）面积（km^2）；

m_i——第 i 个社区公共服务设施用地（A）面积（km^2）；

o_i——第 i 个社区除居住、商业设施和公共服务设施以外用地面积（km^2）；

T_i——第 i 个社区的总占地面积（km^2）。

土地混合利用程度的计算结果在 0 ～ 1 之间变化，当数值接近 1 时，代表社区土地混合利用程度较高，而接近 0 则表示土地混合利用程度较低。基于上述公式计算得出的各样本社区土地混合利用程度见图 4-3、表 4-2。

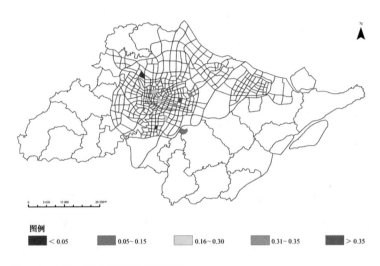

图 4-3 各样本社区土地混合利用分布

表 4-2 各样本社区土地混合利用统计

社区名称	R 类用地面积（km²）	B 类用地面积（km²）	A 类用地面积（km²）	其他用地面积（km²）	土地混合利用程度
三江口老城区社区	0.17	1.18	0.05	0	0.21
南部商务区社区	0	0.76	0	0	0
东部新城社区	0.06	0.42	0.87	0	0.39
世纪东方综合体商圈社区	0.79	0.23	0.04	0	0.34
高新区社区	0	0.69	0	0.39	0.33
高塘社区	1.12	0.06	0.13	0	0.19
鄞州居住社区	1.11	0	0	0.17	0.18

社区名称	R 类用地 面积（km²）	B 类用地 面积（km²）	A 类用地 面积（km²）	其他用地 面积（km²）	土地混合 利用程度
洪塘社区	1.96	0	0.05	0	0.03
东湖观邸社区	2.18	0	0.04	0.07	0.06

可以看出，各样本社区的土地混合利用程度都不算高，其中，排名最高的为靠近市中心的东部新城社区，该社区居住用地约占 4.4%，商业服务设施用地约占 30.77%，其他类别的用地约占 64.84%。而南部商务区社区，由于只包含商业服务设施用地，因此其土地混合利用程度为 0。整体上看，居住类社区土地混合利用程度相对较低。

4.1.3　教育、医疗、商业设施可达性分布规律及职住距离差异

首先，本研究分析了现有公共服务设施的可达性。公共服务设施主要是指教育、医疗和商业设施。这些设施种类繁多，但是在调研过程中发现，在日常生活当中，与居民关系密切的教育设施主要包括小学和中学，与居民关系密切的医疗设施主要是指社区卫生服务站，与居民关系密切的商业设施主要是指家庭周围的中小型超市。因此，本节主要针对这几类服务设施展开研究。

研究采用服务设施邻近度的思路分析各类服务设施的可达性。其中，教育设施邻近度可以反映居民到达最近中小学的便捷程度，其计算方法是以学校为中心，以合理的出行距离（小学取 500m，中学取 1 000m）为半径划定学校服务覆盖区，同样，医疗设施和商业设施邻近度，可以反映居民到达最近的社区卫生服务站和中小型超市的便捷程度，考虑到舒适的步行出行距离和居住区规划设计规范的要求，医疗设施和商业设施邻近度的计算方法是，以社区卫生服务站和中小型超市为中心，以 500m 的出行距离为半径划定卫生服务站和超市服务覆盖区，最后计算出各类服务设施的覆盖总面积与社区面积的比值，见式（4-3）。

$$S_i = \frac{A_{Pi}+A_{Mi}+A_{Ci}+A_{Bi}}{A_i} \qquad (4\text{-}3)$$

式中：S_i——第 i 个社区的服务设施邻近度；

A_{Pi}——第 i 个社区小学覆盖面积（km^2）；

A_{Mi}——第 i 个社区中学覆盖面积（km^2）；

A_{Ci}——第 i 个社区卫生服务站覆盖面积（km^2）；

A_{Bi}——第 i 个社区中小型超市覆盖面积（km^2）；

A_i——第 i 个社区的面积（km^2）。

基于式（4-3）得出各交通小区服务设施邻近度的平均值约为 0.66，各交通小区服务设施邻近度如图 4-4 所示。

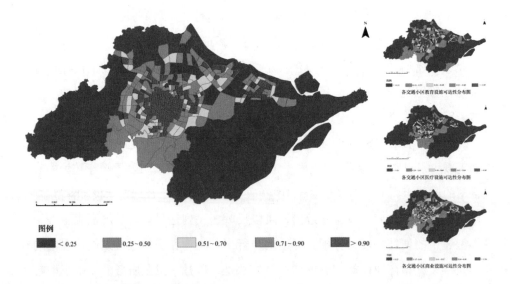

图例

| | < 0.25 | | 0.25~0.50 | | 0.51~0.70 | | 0.71~0.90 | | > 0.90 |

图 4-4　宁波市交通小区服务设施邻近度分布

可以看出，各交通小区教育设施可达性整体上优于商业设施，而医疗设施可达性整体上最差。教育设施可达性较好的交通小区主要分布在三江口中心片区、北仑西北片区和镇海中心片区，该设施与人口分布和居住区规模匹配相对较好。商业设施可达性较好的交通小区主要分布在三江口中心片区和北仑西北片区，由这两个片区向外设施的可达性逐渐降低。医疗设施可达性较好的交通小区仅分布在三江口中心片区，该设施与人口分布和居住区规模匹配相对较好。

　　综合考虑各类服务设施的可达性可以看出，三江口片区、北仑片区和镇海片区内人口分布相对集中的区域，服务设施可达性较高，由这些片区的中心向外，服务设施的可达性逐渐降低。就社区样本而言，其服务设施邻近度如图 4-5 所示。

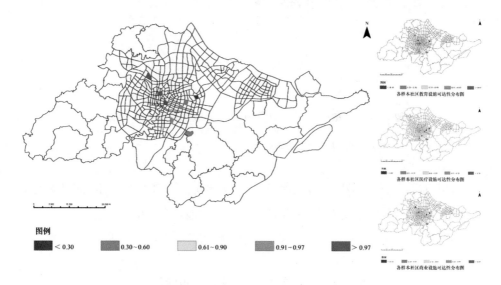

图例

■ < 0.30	■ 0.30～0.60
□ 0.61～0.90	▨ 0.91～0.97
■ > 0.97	

图 4-5　各样本社区服务设施邻近度分布

　　从图中可以看出，混合类型社区教育设施、商业设施和医疗设施可达性均相对较高，居住类型社区教育设施和商业设施可达性相对较高，而商业类型社区教育设施、商业设施和医疗设施可达性均相对较低。综合考虑各类服务设施的可达性可以看出，具有居住功能的社区的服务设施可达性优于单纯商业类社区。

　　其次，本次研究在调研过程中，统计了各交通出行样本家庭与工作地点间的距离，它可以衡量工作地点的可达性。该距离的计算，先基于调研问卷获取各出行样本家庭住址和工作地址所在交通小区，并依据家庭住址分别归类到各样本社区中，然后利用 GIS 分析工具，计算出各社区内出行样本家庭住址与工作地址的平均距离。各样本社区工作地点的可达性如图 4-6 所示。

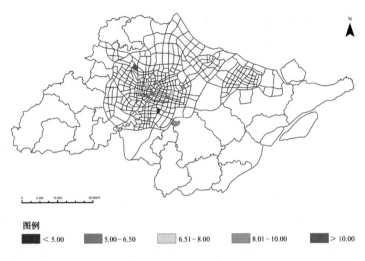

图 4-6　各样本社区与工作地点距离分布

可以看出，居住在城区外围且功能单一社区的居民与工作地点距离相对较远，而居住在靠近市中心且功能混合社区的居民与工作地点距离相对较近。

各样本社区服务设施邻近度和与工作地点距离的数据统计见表 4-3。

表 4-3　各样本社区设施邻近度统计

社区名称	各服务设施邻近度	教育设施邻近度	医疗设施邻近度	商业设施邻近度	工作地点距离(km)
三江口老城区社区	1	0.99	0.55	0.53	6.03
南部商务区社区	0.86	0.03	0	0.86	8.1
东部新城社区	0.53	0.48	0	0.05	7.7
世纪东方综合体商圈社区	0.95	0.95	0.7	0.86	6.2
高新区社区	0.02	0.01	0	0.02	8.8
高塘社区	1	1	0.33	0.99	6.57

社区名称	各服务设施邻近度	教育设施邻近度	医疗设施邻近度	商业设施邻近度	工作地点距离 (km)
鄞州居住社区	0.97	0.68	0.83	0.88	4.27
洪塘社区	1	0.91	0.3	1	12
东湖观邸社区	0.37	0.35	0.04	0.11	8.63

4.1.4　路网密度分布规律及路网布局形式

关于路网密度和路网布局形式的分析，主要包含道路密度、道路交叉口密度、道路网连接形式等内容。

1. 道路密度

道路密度指的是，一定区域范围内道路总长度与该区域面积的比值，它可以反映出区域内的交通承载力。

道路密度的计算公式为：

$$R_i = \frac{L_i}{A_i} \tag{4-4}$$

式中：R_i——第 i 个社区的道路密度（km /km^2）；

L_i——第 i 个社区的道路总长度（km）；

A_i——第 i 个社区的面积（km^2）。

基于式（4-4）得出各交通小区道路密度的平均值约为 10.86 km / km^2，各交通小区道路密度分布如图 4-7 所示。

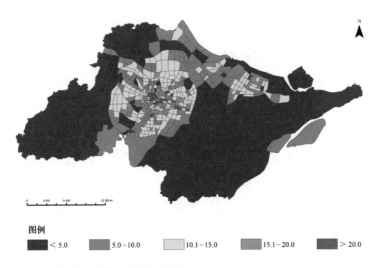

图例

| ■ < 5.0 | 5.0~10.0 | 10.1~15.0 | 15.1~20.0 | ■ > 20.0 |

图 4-7　宁波市各交通小区道路密度分布

从图中可以看出，三江口中心片区道路密度最大，由该片区向外路网密度呈现逐渐递减的趋势。此外，对比图 4-7 和图 4-3 可以看出，各交通小区道路密度的分布规律与建筑密度具有相似性。

就各样本社区而言，其道路密度见图 4-8、表 4-4。

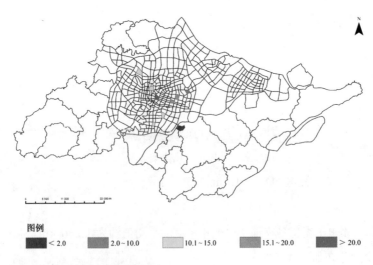

图例

| ■ < 2.0 | 2.0~10.0 | 10.1~15.0 | 15.1~20.0 | ■ > 20.0 |

图 4-8　各样本社区道路密度分布

表 4-4　各样本社区道路密度统计 (km /km²)

社区编号	社区名称	道路总长度（km）	用地面积（km²）	道路密度（km/km²）
C1	三江口老城区社区	30.1	1.40	21.5
C2	南部商务区社区	10.38	0.76	13.66
C3	东部新城社区	23.38	1.35	17.32
C4	世纪东方综合体商圈社区	17.61	1.06	16.61
C5	高新区社区	9.94	1.08	9.2
C6	高塘社区	17.42	1.31	13.3
C7	鄞州居住社区	13.15	1.28	10.27
C8	洪塘社区	21.37	2.01	10.63
C9	东湖观邸社区	4.33	2.29	1.89

可以看出，各样本社区道路密度高低分布规律与各交通小区整体道路密度分布规律相同，均是位于城区中心的社区道路密度相对较高，由中心向外道路密度逐渐降低。

2. 道路交叉口密度

道路交叉口密度指的是，一定区域范围内路网交叉口数量与该区域面积的比值，它可以间接衡量道路密度以及路网的连接性。

道路交叉口密度的计算公式为：

$$C_i = \frac{N_i}{A_i} \tag{4-5}$$

式中：C_i——第 i 个社区的道路交叉口密度（个 /km²）；

N_i——第 i 个社区的道路交叉口个数；

A_i——第 i 个社区的面积（km²）。

与居住小区层面路网相比，社区层面路网对居民交通出行影响较大，因此，本次研究只计算城市主干道、次干道和支路的交叉口，并未将各居住小区内部的道路交叉口计算在内。基于式（4-5）得出各交通小区道路交叉口密度的平均值约为 14.83 个 / km²，各交通小区道路交叉口密度空间分布如图 4-9 所示。

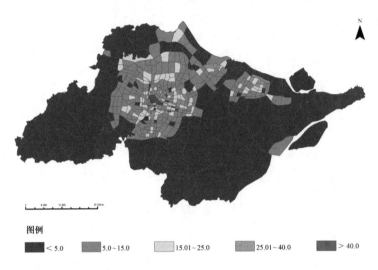

图例

▇ < 5.0   ▇ 5.0~15.0   ▢ 15.01~25.0   ▇ 25.01~40.0   ▇ > 40.0

图 4-9　宁波市各交通小区道路交叉口密度分布

图中可以看出，道路交叉口密度相对较高的交通小区主要集中在三江口中心片区，由该片区向外道路交叉口密度呈圈层式递减趋势。

就社区样本而言，其道路密度见表 4-5、图 4-10。

表 4-5　各样本社区道路交叉口密度统计

社区代码	社区名称	交叉口个数	用地面积（km²）	交叉口密度（个 /km²）
C1	三江口老城区社区	82	1.40	58.57
C2	南部商务区社区	12	0.76	15.79
C3	东部新城社区	50	1.35	37.04
C4	世纪东方综合体商圈社区	32	1.06	30.19
C5	高新区社区	12	1.08	11.11
C6	高塘社区	40	1.31	30.53
C7	鄞州居住社区	20	1.28	15.63
C8	洪塘社区	20	2.01	9.95
C9	东湖观邸社区	19	2.29	8.3

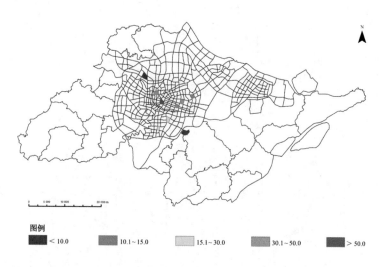

图例
| ■ < 10.0 | 10.1~15.0 | 15.1~30.0 | 30.1~50.0 | > 50.0 |

图 4-10　各样本社区道路交叉口密度分布

可以看出，位于城区中心的三江口老城区社区道路交叉口密度最高，而位于城区外围的洪塘社区和东湖观邸社区道路交叉口密度相对较低，并且各样本社区道路交叉口密度高低分布，与各交通小区整体道路交叉口密度高低分布趋势相同，都是由城区中心向外围逐渐递减。此外，对比图 4-10 和图 4-8 可以看出，各样本社区道路交叉口密度高低分布规律与道路密度亦具有相似性。

3. 道路网连接形式和路网结构

道路网连接形式与路网结构共同构成了路网布局形式，基于对现状的调研，各样本社区路网布局形式如图 4-11 所示。

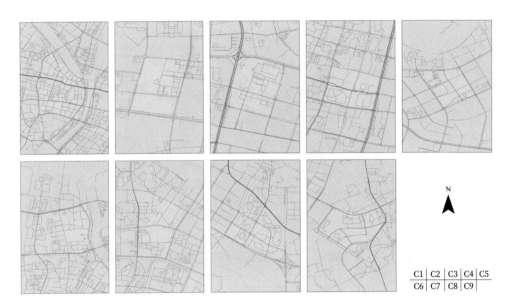

图 4-11 各样本社区道路布局形式

本研究同样从社区和居住小区两个层面分析各样本社区路网布局。从图中可以看出，社区层面路网连接形式大体上为方格网式，其中，南部商务区社区、东部新城社区、世纪东方综合体商圈社区和高塘社区的道路为相对规则的方格网，而三江口老城区社区、高新区社区、鄞州居住社区、洪塘社区和东湖观邸社区的道路为不规则的方格网。

各样本社区居住小区层面路网连接形式差别较小，均为网络状路网。小区内道路等级包括二级和三级两种：二级路网的小区主干道为网状的组团道路，住宅楼与组团道路之间由宅间路相连；三级路网的小区主干道均为环状道路，然后再由各组团道路将小区划分，最后通过宅间路将路网延伸至住户门前。

4.1.5 公交站点邻近度分布规律

公交站点的布置会影响居民的出行方式，一般当住宅与公交站点距离较近时，会吸引居民使用公交出行。因此，同样利用公交站邻近度，分析居民步行到达最近公交站点的便捷程度，它反映了公交设施的可达性。公交站邻近度的计算方法是以公交站为圆心,用合理的步行距离(取300m①)为半径划定公交站服务覆盖区,公交站邻近度即覆盖面积与社区面积的比值,见式(4-6)。

$$B_i = \frac{A_{Ti}}{A_i}$$

(4-6)

式中:B_i—— 第 i 个社区的公交站邻近度;

A_{Ti}——第 i 个社区公交站覆盖面积(km^2);

A_i——第 i 个社区的面积(km^2)。

基于式(4-6)得出各交通小区公交站邻近度的平均值约为 0.72,各交通小区公交站邻近度分布如图 4-12 所示。

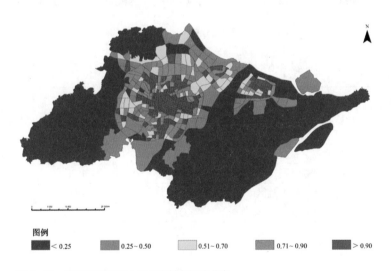

图例

▇ < 0.25　　▇ 0.25~0.50　　▢ 0.51~0.70　　▇ 0.71~0.90　　▇ > 0.90

图4-12　宁波市各交通小区公交站邻近度分布

可以看出,有路网铺设的交通小区公交站邻近度较高,约有 42% 的交通小区公交站邻近度大于 0.9,而邻近度小于 0.25 的交通小区,多为无土地开发建设或是很少有人口活动的地区。

---

① 依据《城市道路交通规划设计规范》GB 50220—95,公共交通车站服务面积,以300m 半径计算,不得小于城市用地面积的 50%,以500m 半径计算,不得小于城市用地面积的 90%。依据宁波市现状,本研究参照300m 标准。

就社区样本而言，其公交站邻近度见图 4-13、表 4-6。

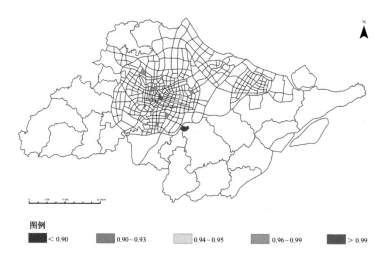

图例

  < 0.90　　 0.90～0.93　　 0.94～0.95　　 0.96～0.99　　 > 0.99

图 4-13　各样本社区公交站邻近度分布

表 4-6　各样本社区公交站邻近度统计

社区编号	社区名称	社区公交站服务 覆盖面积（km²）	社区面积 （km²）	公交站邻近度
C1	三江口老城区社区	1.40	1.40	1
C2	南部商务区社区	0.71	0.76	0.93
C3	东部新城社区	1.28	1.35	0.95
C4	世纪东方综合体商圈社区	1.01	1.06	0.95
C5	高新区社区	1.07	1.08	0.99
C6	高塘社区	1.28	1.31	0.98
C7	鄞州居住社区	1.23	1.28	0.96
C8	洪塘社区	1.99	2.01	0.99
C9	东湖观邸社区	1.81	2.29	0.79

从表 4-6 可以看出，由于东湖观邸社区土地开发强度和人口密度较低，因此其公交站点设置较少。除该社区以外，其他样本社区公交站点服务面积占社区面积比例均可达到 90% 以上，其中位于市中心的三江口老城区社区公交站点服务面积覆盖了整个社区。

4.2　交通出行及能耗特征归纳

基于调研得到的交通出行数据信息，本研究发现，各样本社区居民主要的出行方式包括电动车、步行、小汽车、公共交通和自行车五种，单次交通出行平均距离和每人每年出行平均距离见表 4-7、表 4-8。

表 4-7　各样本社区居民单次交通出行平均距离（km）

社区名称	电动车	步行	小汽车	公共交通	自行车
三江口老城区社区	4.11	0.55	8.20	9.05	2.54
南部商务区社区	5.93	0.73	10.14	11.74	3.31
东部新城社区	5.71	0.85	9.74	11.49	3.44
世纪东方综合体商圈社区	4.32	0.69	7.90	8.61	2.62
高新区社区	6.34	0.99	11.69	12.72	3.36
高塘社区	3.28	0.59	7.73	7.90	2.05
鄞州居住社区	4.77	0.77	8.76	9.62	2.95
洪塘社区	4.98	1.12	11.07	42.83	2.54
东湖观邸社区	4.47	0.52	11.44	11.31	1.80

表 4-8　各样本社区居民每人每年出行平均距离（km）

社区名称	电动车	步行	小汽车	公共交通	自行车
三江口老城区社区	2 318.9	325.7	4 625.5	5 105.9	1 433.7
南部商务区社区	3 341.9	378.0	5 720.8	6 623.5	1 865.6
东部新城社区	3 221.5	370.9	5 493.7	6 481.4	1 942.6
世纪东方综合体商圈社区	2 436.9	259.4	4 458.0	4 853.3	1 475.1
高新区社区	3 576.6	425.1	6 592.4	7 173.7	1 896.0
高塘社区	1 849.4	247.6	4 361.4	4 457.2	1 156.4
鄞州居住社区	2 690.4	328.7	4 943.0	5 423.2	1 665.2
洪塘社区	2 806.1	254.8	6 242.6	24 155.9	1 435.2
东湖观邸社区	2 519.2	226.9	6 452.0	6 380.9	1 017.7

基于以上数据发现，各样本社区内不同出行方式存在以下四个特征。

第一，步行出行频率低于其他方式出行频率。通过计算得知，除步行出行外，其他方式的出行频率大约为 1.5 次 / 天，而各社区的步行出行频率仅为 1.2 次 / 天。可以看出，与其他方式相比，居民不太愿意选择步行出行。这是由多方面因素造成的，比如，步行道路系统的连接性、目的地可达性、城市空间场所的多样性以及户外空气质量等。表现最为突出的是洪塘社区，该社区单次出行的平均距离为 1.12 km，在所有社区内最高，而出行频率仅为 0.6 次 / 天，是所有样本社区中步行出行频率最低的社区。

第二，商业类社区步行出行距离最大，其次是商住混合类社区，居住类社区步行出行距离最小。各样本社区步行出行距离由高到低依次是：高新区社区、南部商务区社区、东部新城社区、鄞州居住社区、三江口老城区社区、世纪东方综合体商圈社区、洪塘社区、高塘社区、东湖观邸社区。由此可见，排在前三位的均为商业类社区，其人均年出行距离约为 391.3 km，居住类社区排在最后三位，其人均年出行距离仅约为 243.1 km，商住混合类社区的人均年出行距离约为 304.6 km。由于商业类社区出行目的主要为购物，适宜步行出行，因此随着其购物功能的减少，社区步行出行距离也随之降低。

第三，商业类社区电动车和自行车出行距离普遍大于其他类型社区。各样本社区电动车和自行车出行距离排在前三位的均为商业类社区。其中，商业社区的电动车人均年出行距离约为 3 380 km，其他社区为 2 436.8 km；商业社区的自行车人均年出行距离约为 1 901.4 km，其他社区约为 1 363.9 km。结合现状情况可以发现，一方面受到土地价格和成本效益的影响，部分商业类社区的配套停车场所不足，另一方面由于电动车、自行车和步行等方式的出行影响机动车出行效率，所以人们更愿意选择便于停放、穿梭自如的出行方式在该类社区活动。

第四，位于城市外围的社区小汽车和公共交通出行距离普遍大于市中心社区。就小汽车出行而言，距离市中心最远的四个社区，即高新区社区、东湖观邸社区、洪塘社区和南部商务区社区，小汽车出行距离排在所有样本社区的前四位，其人均年出行距离约为 6 252 km，其他社区为 4 776.3 km。由于这四个社区均为功能单一的商业社区或居住社区，在一定程度上降低了居民上班、业务、购物、回家等出行目的地的可达性，再加上社区位于城市外围，非机动车出行相对不便，所以小汽车出行距离较大。就公共交通出行而言，排在前四位的社区分别为：洪塘社区、高新区社区、南部商务区社区、东部新城社区，其人均年出行距离约为 11 108.6 km，其他社区仅约为 5 244.1 km。这四个社区在空间分布上同样距离市中心较远，且均为功能单一的居住社区和商业社区，因此也存在目的地可达性较差，非机动车出行不便等问题，所以居民会青睐公交出行。需要指出的是，距离市中心最远的东湖观邸社区公交出行距离并未排在前列，这主要与该社区样本的家庭经济状况有关，东湖观邸社区家庭平均收入和私家车保有量均高于其他社区，在调研中发现，该社区居民更愿意选择小汽车出行，因此其公交出行距离在各样本社区中相对较低，仅排在第五位。由此可见，出行方式不仅与社区方位、社区功能、土地混合利用程度相关，而且确实会受到经济收入状况等因素的影响。

在出行距离的基础上，按照不同出行方式的能耗因子进行折算，得出各样本社区人均年出行能耗如图 4-14 所示。

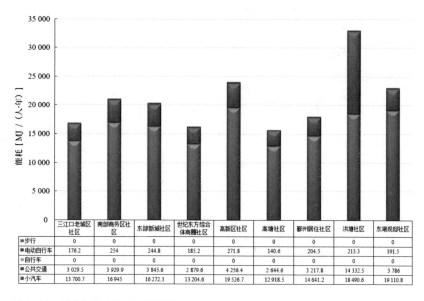

	三江口老城区社区	南部商务区社区	东部新城社区	世纪东方综合体商圈社区	高新区社区	高塘社区	鄞州居住社区	洪塘社区	东湖观邸社区
步行	0	0	0	0	0	0	0	0	0
电动自行车	176.2	254	244.8	185.2	271.8	140.6	204.5	213.3	191.5
自行车	0	0	0	0	0	0	0	0	0
公共交通	3 029.5	3 929.9	3 845.6	2 879.6	4 256.4	2 644.6	3 217.8	14 332.5	3 786
小汽车	13 700.7	16 945	16 272.3	13 204.6	19 526.7	12 918.5	14 641.2	18 490.6	19 110.8

图 4-14　样本社区人均年出行能耗

整体而言，各社区交通能耗主要来自小汽车出行，公共交通次之。各社区人均年交通出行能耗由高到低排序为：洪塘社区（C8）、高新区社区（C5）、东湖观邸社区（C9）、南部商务区社区（C2）、东部新城社区（C3）、鄞州居住社区（C7）、三江口老城区社区（C1）、世纪东方综合体商圈社区（C4）、高塘社区（C6），即洪塘社区人均交通出行能耗最高，高塘社区人均交通出行能耗最低。由此可以看出，能耗较高的社区均与城市中心区的距离较远，且功能单一，其中，能耗最高的洪塘社区人均年出行能耗约为 33 036.4 MJ。而能耗相对较低的社区均与市中心距离较近，且功能多样，其中，能耗最低的高塘社区人均年出行能耗为 15 703.6 MJ，仅是洪塘社区能耗的一半。此外，综合比较各样本社区出行距离和出行能耗可以看出，部分社区交通出行能耗之所以高于其他社区，主要是因为居民对小汽车使用的依赖。

4.3　建成环境对交通出行能耗影响研究的变量数据转化与统计

为了提高分析结果的解释性和预测性，研究需要对导入回归分析模型的交通出行能耗、建成环境变量和其他影响交通出行能耗的数据，进行量化分析转化。数据转化的方式包括，定量变量的取自然对数转化和定性变量导入分析模型的数字转化。在此基础上，对模型变量数据进行了统计。

4.3.1　交通出行能耗数据转化与统计

基于调研获取的出行样本行驶距离，乘以相应出行工具的能源强度因子，可计算出样本单次交通出行能耗（E）。考虑到需要利用取对数后指数函数形式的回归模型进行分析，因此需要对各样本的出行能耗取自然对数。由于部分样本出行能耗为 0，所以，需要将各样本单次交通出行能耗加 1，然后再对其取自然对数，获得对数交通出行能耗（$\ln E$）。各样本单次交通出行能耗和其对数值的统计数据见表 4-9。

表 4-9　各样本单次交通出行能耗统计

变量名称	代码	样本量	最小值	最大值	均值	标准差
交通出行能耗	E	22 112	0	190.78	10.10	26.72
对数交通出行能耗	$\ln E$	22 112	0	5.26	1.09	1.39

由于步行和骑自行车出行不会产生能耗，所以交通出行能耗最小值为 0，调研样本中交通出行能耗最大值约为 190.78 MJ，是由小汽车出行产生的。所有样本单次出行的平均能耗为 10.10 MJ，标准差为 26.72。当对其取自然对数后，标准差降为 1.39，对数交通出行能耗的均值为 1.09。此外，通过比较取自然对数前后的交通出行能耗的指定分布情况发现，取对数后的期望累积概率与观测累积概率更加趋于一致，如图 4-15 所示。

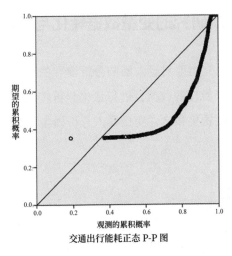 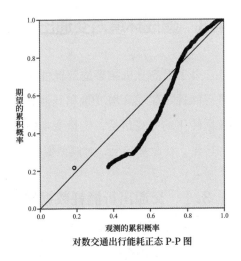

交通出行能耗正态 P-P 图   对数交通出行能耗正态 P-P 图

图 4-15   交通出行能耗取对数前后指定分布 P-P 对比

4.3.2   影响交通出行能耗的建成环境变量选取及数据转化与统计

由建成环境各要素的特征分析和建成环境与交通出行能耗关系的比较分析得知：部分建成环境变量间存在着显著关联。因此，在进行回归分析之前，需要对变量进行取舍。影响交通出行能耗的建成环境要素包括开发密度、土地利用多样性、目的地可达性、道路设计、与公交设施距离五个方面，从上一节的分析中，并没有看出这五个方面存在显著的关联，因此，变量选取时应保证每个方面至少选取一个影响因素。同时，如果建成环境各要素所包含的影响因素存在显著关联，那么只选取其中一个导入回归模型，且选取的变量应尽量便于量化分析。

就开发密度而言，常用到的建成环境变量包括建筑密度、容积率、人口密度等，考虑到出行行为是由人产生的，且人口密度与建筑密度和容积率存在正向关联，故本研究利用人口密度分析其对出行能耗的影响，舍去建筑密度和容积率变量。就土地利用多样性而言，常用到的建成环境变量为土地混合利用程度，本研究借鉴该变量，通过计算各样本社区的土地混合利用程度，分析土地利用的多样性对交通出行能耗的影响。就道路设计而言，常用到的建成环境变量包括道路密度、道路交叉口密度、路网布局等，从上一节对建成环境特征的分析可以看出，道路密度和道路交叉口密度存在显著关联，路网布局在各样本社区中差异较小且不便于量化，考虑到道路系统对出行的影响主要体现在道路连接性能方面，而道路交叉口密度能较好地体现这方面特征，故本研究利用道路交叉口密度，分析道路设计对交通出行能耗的影响。就目的地可达性而言，常用到的建成环境变量包括与教育设施、医疗设施、商业设施、工作地点等场所的距离。笔者认为，只有综合考虑各类设施，才能更准确地体现出服务设施的可达性，因此，研究计划利用综合服务设施可达性分析其对交通出行能耗的影响，不再单独分析教育、医疗、商业设施与交通出行能耗的关系。此外，研究还将分析工作地点可达性对交通出行能耗的影响，该变量用样本社区与工作地点距离来表示。就与公交设施距离而言，常用到的建成环境变量包括公交线路密度、公交站间距、单位面积内公交站数量等，这些变量均反映了公交出行的便捷程度，根据这一分析思路，本研究利用公交站邻近度变量，分析其对交通出行能耗的影响。需要说明的是，由于调研时宁波市尚未开通轨道交通，故本次研究中所有公交站均是指公交车站点，不包括地铁站。

最终，本研究确定的城市建成环境变量为人口密度、土地混合利用程度、道路交叉口密度、与工作地点距离、服务设施邻近度、公交站邻近度。

建成环境各变量的定义与计算方法已在本书第 4.1 节作了陈述，接下来需要对选取的变量数据进行量化分析转化并统计。

1. 开发密度变量的统计分析

各交通出行样本所在社区人口密度取自然对数前后统计数据见表 4-10。

表 4-10　人口密度变量取对数前后统计

变量名称	代码	样本量	最小值	最大值	均值	标准差
人口密度	D	22 112	0.59	4.79	3.22	1.72
对数人口密度	$\ln D$	22 112	-0.53	1.57	0.93	0.79

2. 土地利用多样性变量的统计分析

各交通出行样本所在社区的土地混合利用程度变量的统计数据见表 4-11。

表4-11 土地混合利用程度变量统计

变量名称	代码	样本量	最小值	最大值	均值	标准差
土地混合利用程度	M	22 112	0	0.39	0.19	0.08

可以看出，样本中最小值为 0，由于对 0 取自然对数无意义，且该变量的标准差较小，故本研究不再对该变量取自然对数。

3. 道路设计变量的统计分析

各交通出行样本所在社区的道路交叉口密度变量取自然对数前后统计数据见表 4-12。

表4-12 道路交叉口密度变量取对数前后统计

变量名称	代码	样本量	最小值	最大值	均值	标准差
道路交叉口密度	C	22 112	8.30	58.57	39.97	20.48
对数道路交叉口密度	$\ln C$	22 112	2.12	4.07	3.47	0.75

4. 目的地可达性变量的统计分析

各交通出行样本所在社区，与工作地点距离和服务设施邻近度变量取自然对数前后统计数据见表 4-13。

表4-13 建成环境目的地可达性类变量统计

变量名称	代码	样本量	最小值	最大值	均值	标准差
与工作地点距离	W	22 112	4.27	12.00	6.72	1.40
服务设施邻近度	S	22 112	0.02	1.00	0.88	0.25
对数与工作地点距离	$\ln W$	22 112	1.45	2.48	1.89	0.19
对数服务设施邻近度	$\ln S$	22 112	-3.91	0	-0.21	0.48

5. 与公交设施距离变量的统计分析

各交通出行样本所在社区的公交站邻近度变量取自然对数前后统计数据见表 4-14。

表 4-14　公交站邻近度变量取对数前后统计

变量名称	代码	样本量	最小值	最大值	均值	标准差
公交站邻近度	B	22 112	0.79	1.00	0.96	0.08
对数公交站邻近度	$\ln B$	22 112	-0.24	0	-0.05	0.08

4.3.3　其他影响交通出行能耗的变量选取及数据转化与统计

基于本书第 2 章确定的居民交通出行能耗模型可知，影响交通出行能耗的因素除了建成环境之外还包括家庭社会经济特征、居民个人生活方式和节能态度。关于家庭特征，本研究将从人口和交通工具拥有情况两个方面反映此影响因素。其中，人口具体是指家庭常住人口，而交通工具拥有情况则是依据现有出行工具进行分类，分别统计各调研对象家庭各种交通工具的数量，家庭拥有交通出行工具的不同，可以直接影响家庭成员交通出行方式的选择。关于居民个人生活方式，考虑到交通出行能耗模型的因变量为居民个人单次出行产生的能耗，因此，本研究将利用性别、年龄、学历、职业和个人年收入等居民个人特征来衡量其生活方式。关于居民节能态度，本研究将围绕居民改善城市交通系统态度，反映此影响因素，它包括认为需要改扩建道路、调整公交线路、增加停车设施等，这些变量体现了居民的出行偏好。

1. 家庭社会经济特征变量的统计与分析

（1）常住人口（Fam-P）

自变量常住人口指的是，长期生活在调研对象家中的总人数，不包括家庭中在外工作和求学的人员。

（2）交通工具拥有情况（Fam-T）

按照非营利性交通工具划分，宁波市各交通出行样本家庭所拥有的交通工具包括自行车（Fam-Tb）、电动车（Fam-Te）、摩托车（Fam-Tm）和汽车（Fam-Tv）四类，本研究通过调研问卷的方式获取各样本家庭拥有各交通工具的数量。

家庭特征各变量统计数据见表 4-15。

表 4-15　家庭特征各变量统计

变量名称	样本量	最小值	最大值	均值	标准差
常住人口	22 112	1 人	25 人	2.85 人	1.11 人
自行车	22 112	0	4 辆	0.60 辆	0.76 辆
电动车	22 112	0	8 辆	0.76 辆	0.80 辆
摩托车	22 112	0	3 辆	0.04 辆	0.23 辆
汽车	22 112	0	5 辆	0.45 辆	0.65 辆

从表中可以看出，调研对象既有自己独居的也有群居的，其中群体人数最多的达 25 人，但大多数被调研家庭为三口之家。就交通工具拥有情况而言，目前电动车凭借其经济、便捷的优势在各家庭中普及率最高，平均每家拥有 0.76 辆，其次是自行车，由于宁波市区限制摩托车行驶，所以现在家庭拥有摩托车的数量非常少，平均每家仅拥有 0.04 辆，宁波市家庭中平均每家拥有 0.45 辆汽车。由于各种交通工具最小值为 0，对其取自然对数无意义，故本研究仅对常住人口变量取自然对数，见表 4-16。

表 4-16　常住人口变量取对数统计

变量名称	样本量	最小值	最大值	均值	标准差
对数常住人口	22 112	0	3.22	0.98	0.38

2. 居民个人生活方式变量的统计与分析

由于性别、年龄、学历、职业和个人年收入可以影响居民个人生活方式，因此，本研究利用这五个居民个人特征变量表示生活方式，所有变量均为虚拟变量。

（1）性别（Ind-G）

根据调研获取的信息，本研究对交通出行样本的性别进行了统计，导入回归模型时，0 代表女性，1 代表男性。

（2）年龄（Ind-A）

本研究将年龄划分为三类，分别为十八岁以下（Ind-Ay）、十八岁至六十岁（Ind-Au）、六十岁以上（Ind-Ao），涵盖了所有年龄段，通过调研的方式分别统计各交通出行样本的年龄。在进行回归分析时，研究将每一类年龄均当成虚拟变量，分别用 0 和 1 来表示，其中 0 代表不属于该年龄段，1 代表属于该年龄段。此外，对分类虚拟变量进行回归分析时，需要设定控制变量，然后将除控制变量以外的其他变量导入回归模型，若模型中样本关于年龄的各种分类均为 0，则代表其为控制变量。本研究关于年龄设定的控制变量为十八岁以下人群。

（3）学历（Ind-E）

本研究将学历划分为五类，分别为小学及以下（Ind-Ep）、初中（Ind-Em）、高中（Ind-Eh）、大学（Ind-Eu）、研究生及以上（Ind-Ed），涵盖了我国目前所有的受教育程度情况，通过调研的方式，分别统计各交通出行样本的学历情况。在进行回归分析时，本研究将每一类学历均当成虚拟变量，分别用 0 和 1 来表示，其中 0 代表非该类学历，1 代表是该类学历。本研究关于学历设定的控制变量为小学及以下学历。

（4）职业（Ind-J）

本研究将职业划分为五类，分别为学生（Ind-Js）、企事业单位工作者（Ind-Jw）、个体经营者（Ind-Jm）、退休（Ind-Jr）、无业（Ind-Jn），通过调研的方式，分别统计各交通出行样本的职业情况。在进行回归分析时，本研究将每一类职业均当成虚拟变量，分别用 0 和 1 来表示，其中 0 代表非该类职业，1 代表该类职业。由于退休人员交通出行能耗普遍偏低，故本研究关于职业设定的控制变量为退休人员。

（5）个人年收入（Ind-I）

与住宅能耗关于收入变量的统计方式不同，由于交通出行能耗模型的因变量是以个人出行计算能耗，所以用个人年收入更能真实反映其对交通出行能耗的影响。为了避免因暴露真实收入而导致调研信息存在偏差，交通出行调研问卷将个人年收入进行了分类，由被调研者进行选择，不再需要自己填写个人收入。本研究个人年收入包含以下四类：2 万元以下（Ind-I2）、2 万元～5 万元（Ind-I25）、5.0001 万元～10 万元（Ind-I510）、10 万元以上（Ind-I10）[①]，涵盖了所有收入情况，通过调研的方式，分别统计各交通出行样本的个人年收入。在进行回归分析时，研究同样将每一类收入均当成虚拟变量，分别用 0 和 1 来表示，其中 0 代表不属于该类收入，1 代表属于该类收入。本研究关于个人年收入设定的控制变量为小于两万元收入人群。

居民个人特征变量统计数据见表 4-17。

表 4-17 居民个人特征变量统计

变量名称	样本量	最小值	最大值	均值	标准差
性别	22 112	0	1	0.50	0.50
18 岁以下	22 112	0	1	0.09	0.29
18 至 60 岁	22 112	0	1	0.79	0.41
60 岁以上	22 112	0	1	0.12	0.33
小学及以下	22 112	0	1	0.19	0.39
初中	22 112	0	1	0.28	0.45
高中	22 112	0	1	0.21	0.41
大学	22 112	0	1	0.31	0.46
研究生及以上	22 112	0	1	0.01	0.11
学生	22 112	0	1	0.10	0.29
企事业单位工作者	22 112	0	1	0.40	0.49
个体经营者	22 112	0	1	0.22	0.41

① 关于收入变量的分类研究做到了覆盖且不重叠，由于表述起来比较烦琐，故接下来关于收入的分类统一表述为：2 万元以下、2 万元到 5 万元、5 万元至 10 万元、10 万元以上。

续表 4-17

变量名称	样本量	最小值	最大值	均值	标准差
退休	22 112	0	1	0.16	0.37
无业	22 112	0	1	0.13	0.33
2 万元以下	22 112	0	1	0.35	0.48
2 万元至 5 万元	22 112	0	1	0.42	0.49
5 万元至 10 万元	22 112	0	1	0.18	0.38
10 万元以上	22 112	0	1	0.05	0.23

由表中性别的均值可以看出，本研究交通出行样本男女所占比例各为 50%。样本年龄构成方面，18 岁至 60 岁的成年人所占比例最高，其次是 60 岁以上的老年人，18 岁以下的少年所占比例最低。样本学历构成方面，大学生所占比例最高，其次依次是初中、高中、小学及以下、研究生及以上。样本职业构成方面，企事业单位工作者所占比例最高，其次由高到低分别为个体经营者、退休人员、无业人员、学生。个人年收入构成方面，2 万元至 5 万元年收入的人群最多，其次分别为 2 万元以下和 5 万元至 10 万元的人群，年收入达 10 万元以上的样本仅占 5%。

3. 改善城市交通系统态度变量的统计与分析

城市的交通系统与出行密切相关，对改善该系统持有的态度，往往可以反映居民日常出行的偏好。例如，倾向步行出行的居民更多关注过街天桥、地下通道等行人过街设施，而倾向开车出行的居民则更多关注路网和停车系统。围绕与日常出行密切相关的问题，本研究将该影响因素划分为七个不同的变量，分别为改扩建城市道路系统、缩短公交发车间隔、调整公交线路、加快轨道交通建设、增加行人过街设施、增加停车设施、加强交通违章管理。改善城市交通系统态度的七个变量均为虚拟变量，在调研过程中由居民选择认为需要改善的变量，在统计分析过程中，对调研的结果进行了变量的转化，样本中居民选择的变量计为 1，没有选择的变量计为 0。转化后的各变量数据统计信息见表 4-18。

表 4-18　各交通出行样本对改善城市交通系统态度数据统计

变量代码	变量表述	均值	样本量
Att-a	认为需要改扩建城市道路系统取值为1，否则为0	0.60	22 112
Att-b	认为需要缩短公交发车间隔取值为1，否则为0	0.44	22 112
Att-c	认为需要调整公交线路取值为1，否则为0	0.44	22 112
Att-d	认为需要加快轨道交通建设取值为1，否则为0	0.29	22 112
Att-e	认为需要增加行人过街设施取值为1，否则为0	0.26	22 112
Att-f	认为需要增加停车设施取值为1，否则为0	0.38	22 112
Att-g	认为需要加强交通违章管理取值为1，否则为0	0.34	22 112

从表中可以看出，被调研居民认为有必要改善城市道路系统的比例最高，约为60%，其次是认为需要对公交发车间隔和线路做出改善的占比约为44%，认为有必要增加停车设施和加强交通违章管理的样本占比分别约为38%和34%，而认为需要加快轨道交通建设和增加行人过街设施的样本占比最低，分别仅约为29%和26%。

4.4　建成环境对交通总出行能耗影响的统计分析

按照由一般到特殊的研究思路，本研究首先分析建成环境对交通总出行能耗的影响。在利用回归模型解析各因素对交通出行能耗的影响之前，本研究基于相关性分析检验预判了变量间存在的关系。

4.4.1　基于相关性分析预判交通总出行能耗与各影响因素的关系

借助 Pearson 相关性分析，模型中因变量与各类别自变量的相关性分析结果见表 4-19。

表 4-19　因变量与各自变量相关性分析结果统计

自变量	建成环境		家庭特征		居民个人特征		改善交通系统态度	
	P	Sig.	P	Sig.	P	Sig.	P	Sig.
ln$D$	−0.138	0.000	—	—	—	—	—	—
M	−0.060	0.000	—	—	—	—	—	—
ln$C$	−0.145	0.000	—	—	—	—	—	—
ln$W$	0.124	0.000	—	—	—	—	—	—
ln$S$	−0.123	0.000	—	—	—	—	—	—
ln$B$	−0.147	0.000	—	—	—	—	—	—
lnFam-P	—	—	0.078	0.000	—	—	—	—
Fam-Tb	—	—	−0.078	0.000	—	—	—	—
Fam-Te	—	—	−0.122	0.000	—	—	—	—
Fam-Tm	—	—	0.041	0.000	—	—	—	—
Fam-Tv	—	—	0.429	0.000	—	—	—	—
Ind-G	—	—	—	—	0.124	0.000	—	—
Ind-Ay	—	—	—	—	−0.123	0.000	—	—
Ind-Au	—	—	—	—	0.216	0.000	—	—
Ind-Ao	—	—	—	—	−0.162	0.000	—	—

续表 4-19

自变量	建成环境		家庭特征		居民个人特征		改善交通系统态度	
	P	Sig.	P	Sig.	P	Sig.	P	Sig.
Ind-Ep	—	—	—	—	-0.208	0.000	—	—
Ind-Em	—	—	—	—	-0.099	0.000	—	—
Ind-Eh	—	—	—	—	0.225	0.000	—	—
Ind-Eu	—	—	—	—	0.248	0.000	—	—
Ind-Ed	—	—	—	—	0.067	0.000	—	—
Ind-Js	—	—	—	—	-0.114	0.000	—	—
Ind-Jw	—	—	—	—	0.197	0.000	—	—
Ind-Jm	—	—	—	—	0.085	0.000	—	—
Ind-Jr	—	—	—	—	-0.201	0.000	—	—
Ind-Jn	—	—	—	—	-0.073	0.000	—	—
Ind-I2	—	—	—	—	-0.256	0.000	—	—
Ind-I25	—	—	—	—	-0.059	0.000	—	—
Ind-I510	—	—	—	—	0.262	0.000	—	—
Ind-I10	—	—	—	—	0.226	0.000	—	—
Att-a	—	—	—	—	—	—	0.039	0.000
Att-b	—	—	—	—	—	—	-0.092	0.000
Att-c	—	—	—	—	—	—	-0.069	0.000
Att-d	—	—	—	—	—	—	0.014	0.041
Att-e	—	—	—	—	—	—	-0.062	0.000
Att-f	—	—	—	—	—	—	0.197	0.000
Att-g	—	—	—	—	—	—	0.015	0.025

注：Sig. ≤ 0.05 表明相关性分析结果显著，因变量为对数交通出行能耗。

从表 4-19 可以看出，所有变量均与对数交通出行能耗存在显著的相关性。因此回归分析时，应将所有自变量导入模型。

4.4.2　基于回归模型解析建成环境对交通总出行能耗的影响

采用分类将变量导入模型的方法，比较各类因素对交通总出行能耗的影响。首先，分析在不包含城市建成环境变量的情况下，各变量与交通出行能耗的关系，其次，研究继续分析加入建成环境变量后，各自变量与交通出行能耗的关系，由此分别构建了模型（4.1.1）和模型（4.1.2）。需要说明的是，基于文献归纳出的建成环境五类变量所反映的内容有所交叉，因此，建成环境各变量之间可能存在相关性。而本研究在分析建成环境变量与交通出行能耗的关系时发现，公交站邻近度与人口密度和道路交叉口密度变量间存在多重共线性，干扰了分析结果，而将此变量移出回归模型后，其他变量间并不存在共线性，故本研究模型（4.1.2）中并未包含公交站邻近度变量。各模型回归分析结果见表 4-20。

表 4-20　交通总出行能耗模型回归分析结果

项目	模型（4.1.1）未加入建成环境变量		模型（4.1.2）加入建成环境变量	
	系数 B	Sig.	系数 B	Sig.
常量	−0.250		−0.629	
lnFam-P	0.052	0.024	0.044	0.047
Fam-Tb	−0.101	0.000	−0.118	0.000
Fam-Te	−0.101	0.000	−0.127	0.000
Fam-Tm	0.362	0.000	0.217	0.000
Fam-Tv	0.669	0.000	0.634	0.000
Ind-G	0.272	0.000	0.256	0.000
Ind-Ay	控制变量			
Ind-Au	0.263	0.000	0.189	0.001
Ind-Ao	0.154	0.016	0.021	0.737
Ind-Ep	控制变量			
Ind-Em	0.169	0.000	0.224	0.000
Ind-Eh	0.246	0.000	0.375	0.000
Ind-Eu	0.283	0.000	0.447	0.000

续表 4-20

项目	模型（4.1.1）未加入建成环境变量		模型（4.1.2）加入建成环境变量	
	系数 B	Sig.	系数 B	Sig.
Ind-Ed	0.396	0.000	0.554	0.000
Ind-Js	0.212	0.001	0.197	0.001
Ind-Jw	0.359	0.000	0.276	0.000
Ind-Jm	0.359	0.000	0.340	0.000
Ind-Jr	控制变量			
Ind-Jn	0.267	0.000	0.197	0.000
Ind-I2	控制变量			
Ind-I25	0.165	0.000	0.187	0.000
Ind-I510	0.532	0.000	0.544	0.000
Ind-I10	0.758	0.000	0.764	0.000
Att-a	0.016	0.364	0.048	0.004
Att-b	0.076	0.000	0.071	0.000
Att-c	0.003	0.852	−0.006	0.751
Att-d	0.010	0.608	0.082	0.000
Att-e	−0.059	0.003	−0.043	0.025
Att-f	0.072	0.000	0.101	0.000
Att-g	0.044	0.017	0.046	0.012
$\ln D$	—	—	−0.094	0.000
M	—	—	−0.415	0.015
$\ln C$	—	—	−0.079	0.016
$\ln W$	—	—	0.433	0.000
$\ln S$	—	—	−0.164	0.000
R^2/Adj-R^2	0.283/0.282		0.318/0.317	
F/Sig.	335.313/0.000		332.080/0.000	
N	22 112		22 112	

通过比较模型（4.1.1）和模型（4.1.2）的调整 R^2 值可以发现，当加入城市建成环境变量后，模型的调整 R^2 值由 0.282 增长到 0.317，增幅相对明显，说明建成环境类变量对模型具有较强的解释性。

由于模型（4.1.2）拟合度较高，因此本研究将重点讨论该模型的回归分析结果。就建成环境变量而言，结果显示，控制了模型中其他变量后，随着人口密度增多、土地混合利用程度变高、道路交叉口密度增多、服务设施邻近度变高，交通出行能耗降低，而随着与工作地点距离变远，交通出行能耗增高。

从各变量系数的绝对值来看，定性变量中男性交通出行能耗比女性高 25.6%。18 岁及以上人群比 18 岁以下人群交通出行能耗高 18.9%。与小学及以下学历人群相比，初中、高中、大学、研究生及以上学历人群交通出行能耗分别高 22.4%、37.5%、44.7%、55.4%。与退休人员相比，学生、企事业单位工作者、个体经营者、无业人员交通出行能耗分别高 19.7%、27.6%、34%、19.7%。与 2 万元以下收入者相比，年薪在 2 万元至 5 万元、5 万元至 10 万元、10 万元以上的人群交通出行能耗分别高 18.7%、54.4%、76.4%。认为需要改扩建城市道路、缩短公交发车时间、加快轨道交通建设、增加停车设施、加强交通违章管理的人群交通出行能耗分别高 4.8%、7.1%、8.2%、10.1% 和 4.6%，认为需要增加行人过街设施的人群交通出行能耗低 4.3%。

定量变量中家庭常住人口增加 100%，交通出行能耗约增加 4.4%，家庭中每增加一辆自行车、电动车、摩托车、汽车，交通出行能耗分别减少 11.8%、减少 12.7%、增加 21.7%、增加 63.4%，社区人口密度增加 1%，交通出行能耗约降低 0.094%，土地混合利用程度增加 1%，交通出行能耗降低约 0.415%，道路交叉口密度增加 1%，交通出行能耗降低约 0.079%，与工作地点距离增加 1% 时，交通出行能耗增加约 0.433%，服务设施邻近度增加 1%，交通出行能耗降低约 0.164%。

4.5 建成环境对不同出行目的能耗影响的统计分析

上一节研究了建成环境对交通总出行能耗的影响，由于交通总出行的概念过于宽泛，仅对交通总出行展开研究，并不能十分清楚地认识建成环境对交通出行能耗的影响。因此，基于本书第 2 章确立的思路框架，按照"由一般到特殊"的思路，本研究将进一步分析建成环境与居民出行目的和出行方式的关系。其中，本节将重点分析建成环境对不同出行目的的影响，下一节将重点分析建成环境对不同出行方式的影响。基于交通总出行样本，本研究以通勤出行和非通勤出行为依据，分别筛选出各类出行目的的样本，并以此分别构建分析模型。

4.5.1 以通勤和非通勤出行为依据划分出行目的

现有相关研究直接分析交通出行能耗的比较少，多是从出行行为、出行距离、交通碳排放等角度展开研究。由于本研究的交通出行能耗的计算是在出行距离的基础上，乘以相应交通出行方式的能源强度因子，因此出行能耗的高低与出行距离有直接关系。此外，因为碳排放在一定程度上也反映了出行的能耗，所以现有文献中关于不同出行目的的分类对本研究具有借鉴意义。其中，彭（Peng）[135]在分析职住平衡对机动车出行距离（Vehicle miles travelled，VMT）的影响时，将出行方式分为通勤（work）和非通勤（non-work）两类；杜（Du）[136]在研究城市形态与居民出行行为的相互影响时，重点分析了个人的购物出行，杨阳[78]在研究建成环境与家庭出行能耗的关系时，将出行目的分为通勤出行、非通勤出行、购物出行和使用服务设施四类，马（Ma）[137]等人的研究，从通勤和非通勤两方面分析了城市形态对碳排放的影响；王璐[138]在研究公交可达性对居民出行行为的影响时，也将出行特征分为通勤出行和非通勤出行；但波[129]则直接从居民通勤出行的角度，分析了上海市城市建成环境对居民出行行为的影响。由此可见，现有研究普遍将出行目的分为通勤和非通勤两类，少数研究会再细分非通勤出行。本研究在进行交通出行调研时，将出行目的分成了九类供被调研者选择，分别是上班、上学、接送、业务、购物和看病、探亲访友、文娱体育、回家及其他。参考现有研究的分类经验，本研究将出行目的分为通勤出行和非通勤出行两类。但与国外研究划分方式不同，本研究的通勤出行不仅包括上班出行，还包括上学、接送、业务和回家，这主要是因为后四类出行在时间维度和对城市交通出行影响程度上，与工作出行相同。非通勤出行则是调研中除通勤出行以外的所有出行，由于这些出行目的性质类似，所以研究不再对非通勤出行进行细分。本研究交通出行目的分类如图 4-16 所示。

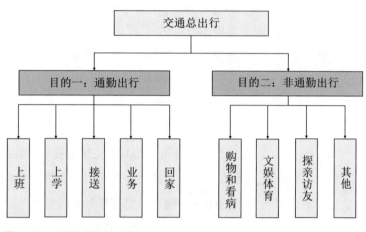

图 4-16　不同出行目的分类

4.5.2　不同出行目的能耗与各影响因素的数据统计

基于筛选出的样本，本研究分别统计了各能耗模型因变量和自变量的数据。

1. 因变量

针对不同出行目的划分的因变量分别为通勤出行能耗（E_W）和非通勤出行能耗（E_N）。根据交通总出行样本中每条出行信息的出行目的，本研究分别筛选出通勤出行和非通勤出行能耗模型的样本。与交通总出行能耗分析思路相同，考虑到需要利用取对数后，指数函数形式的回归模型进行分析，研究同样对每类出行目的的能耗取自然对数，不同出行目的能耗取对数前后统计数据见表 4-21。

表 4-21　不同出行目的能耗取对数前后统计

变量名称	代码	样本量	最小值	最大值	均值	标准差
通勤出行能耗	E_W	18 337	0	190.78	10.76	27.53
非通勤出行能耗	E_N	3775	0	184.77	6.88	22.15
对数通勤出行能耗	$\ln E_W$	18 337	0	5.26	1.16	1.41
对数非通勤出行能耗	$\ln E_N$	3775	0	5.22	0.78	1.25

从表中可以看出，整个出行样本（22 112 个）中通勤出行所占比例远高于非通勤出行，约为 82.93%，而非通勤出行仅占约 17.07%。就各类目的出行能耗的均值来看，以通勤为目的的出行能耗高于非通勤能耗，因此宁波市应将通勤出行作为节能减排的重点治理对象。

2. 自变量

基于上一节研究可知，自变量公交站邻近度与其他变量存在多重共线的情况，故在本章接下来的研究中不再分析该变量。此外，由于本研究需要横向比较各城市建成环境变量对不同出行目的的影响，因此，自变量种类应该与交通总出行能耗模型相同，故在本节研究中，自变量均与上一节相同。不同出行目的的能耗模型的自变量和其中非虚拟变量的对数值统计信息见表 4-22。

表 4-22　不同出行目的能耗模型自变量信息统计

自变量	通勤出行 $N=18\,337$		非通勤出行 $N=3775$	
	均值	标准差	均值	标准差
人口密度	3.24	1.71	3.14	1.75
土地混合利用程度	0.19	0.08	0.18	0.07
道路交叉口密度	40.13	20.44	39.23	20.65
与工作地点距离	6.71	1.42	6.71	1.32
服务设施邻近度	0.88	0.25	0.87	0.25
常住人口	2.89	1.12	2.69	1.07
自行车数量	0.60	0.76	0.61	0.75
电动车数量	0.78	0.81	0.70	0.77

自变量	通勤出行		非通勤出行	
	N=18 337		N=3775	
	均值	标准差	均值	标准差
摩托车数量	0.04	0.23	0.04	0.22
汽车数量	0.48	0.66	0.35	0.59
性别	0.52	0.50	0.42	0.49
18 岁以下	0.10	0.30	0.03	0.18
18 至 60 岁	0.81	0.39	0.69	0.47
60 岁以上	0.09	0.28	0.28	0.45
小学及以下	0.18	0.38	0.23	0.42
初中	0.27	0.44	0.34	0.48
高中	0.21	0.41	0.20	0.40
大学	0.33	0.47	0.21	0.41
研究生及以上	0.01	0.12	0.01	0.11
学生	0.11	0.31	0.04	0.19
企事业单位工作者	0.44	0.50	0.22	0.41
个体经营者	0.23	0.42	0.12	0.33
退休	0.11	0.32	0.39	0.49
无业	0.10	0.31	0.23	0.42
2 万元以下	0.33	0.47	0.46	0.50
2 万元至 5 万元	0.42	0.49	0.40	0.49
5 万元至 10 万元	0.19	0.39	0.11	0.32
10 万元以上	0.06	0.24	0.03	0.17
改扩建城市道路	0.61	0.49	0.55	0.50
缩短公交发车间隔	0.44	0.50	0.48	0.50
调整公交线路	0.44	0.50	0.46	0.50
加快轨道交通建设	0.30	0.46	0.29	0.45
增加行人过街设施	0.25	0.44	0.28	0.45
增加停车设施	0.38	0.49	0.36	0.48
加强违章管理	0.34	0.47	0.34	0.47
对数人口密度	0.94	0.79	0.89	0.81
对数道路交叉口密度	3.48	0.74	3.45	0.76
对数与工作地点距离	1.88	0.19	1.89	0.18
对数服务设施邻近度	−0.21	0.50	−0.20	0.41
对数常住人口	0.99	0.38	0.92	0.38

注：N 代表样本量。

从表中可以看出，不同出行目的能耗模型中建成环境变量的均值和标准差变化不大，说明各模型中样本所处的建成环境状况相似，所以在分析建成环境对不同出行目的能耗的影响时，具有横向可比性。此外，就家庭特征变量而言，通勤出行样本家庭常住人口略高于非通勤出行；不同出行目的样本中，家庭拥有自行车和摩托车数量基本相同，但通勤出行样本家庭拥有电动车和汽车数量均高于非通勤出行。就居民个人特征变量而言，男性通勤比例高，女性非通勤比例高；18至60岁年龄段的人群在不同出行目的中所占比例均为最高；通勤出行样本中具有大学学历人群占比最高，而非通勤出行样本中初中学历人群占比最高；企事业单位工作者在通勤出行样本中占比最高，而退休人员在非通勤出行样本中所占比重最高；通勤出行样本中个人年收入在2万元至5万元区间的人数最多，而非通勤出行样本中个人年收入在2万元以下的人数最多。就改善交通系统态度变量而言，通勤出行样本认为需要改扩建城市道路占比高于非通勤出行，而对其他改善交通系统态度，不同出行目的样本所占比例均大致相同。

4.5.3 不同出行目的能耗与各影响因素的关联性预判

不同出行目的能耗模型因变量与自变量的相关性分析结果见表4-23。

表4-23 不同出行目的能耗模型因变量与自变量相关性分析结果统计

自变量	通勤出行		非通勤出行	
	P	Sig.	P	Sig.
对数人口密度	−0.167	0.000	0.005	0.762
土地混合利用程度	−0.076	0.000	0.018	0.261
对数道路交叉口密度	−0.173	0.000	0.001	0.968
对数与工作地点距离	0.139	0.000	−0.008	0.613
对数服务设施邻近度	−0.131	0.000	−0.060	0.000
对数常住人口	0.072	0.000	0.069	0.000
自行车数量	−0.078	0.000	−0.081	0.000
电动车数量	−0.139	0.000	−0.050	0.002
摩托车数量	0.039	0.000	0.056	0.001
汽车数量	0.439	0.000	0.335	0.000
性别	0.120	0.000	0.103	0.000
18岁以下	−0.154	0.000	0.047	0.004

续表 4-23

自变量	通勤出行		非通勤出行	
	P	Sig.	P	Sig.
18 至 60 岁	0.217	0.000	0.166	0.000
60 岁以上	−0.136	0.000	−0.190	0.000
小学及以下	−0.218	0.000	−0.140	0.000
初中	−0.098	0.000	−0.069	0.000
高中	0.020	0.001	0.046	0.001
大学	0.247	0.000	0.197	0.000
研究生及以上	0.074	0.000	0.024	0.139
学生	−0.147	0.000	0.071	0.000
企事业单位工作者	0.187	0.000	0.159	0.000
个体经营者	0.063	0.000	0.159	0.000
退休	−0.166	0.000	−0.251	0.000
无业	−0.071	0.000	−0.021	0.193
2 万元以下	−0.273	0.000	−0.128	0.000
2 万元至 5 万元	−0.057	0.000	−0.077	0.000
5 万元至 10 万元	0.257	0.000	0.247	0.000
10 万元以上	0.233	0.000	0.139	0.000
改扩建城市道路	0.031	0.000	0.059	0.000
缩短公交发车间隔	−0.090	0.000	−0.083	0.000
调整公交线路	−0.072	0.000	−0.042	0.009
加快轨道交通建设	0.011	0.148	0.029	0.074
增加行人过街设施	−0.056	0.000	−0.082	0.000
增加停车设施	0.202	0.000	0.160	0.000
加强违章管理	0.017	0.020	0.003	0.869

注：Sig. ≤ 0.05 表明相关性显著。

　　从表中可以看出，通勤出行能耗模型中加快轨道交通建设变量，非通勤出行能耗模型中对数人口密度、土地混合利用程度、对数道路交叉口密度、对数与工作地点距离、研究生及以上学历、无业、加快轨道交通建设、加强违章管理变量与各自模型的因变量不存在相关性，因此在回归分析时，需要将这些变量剔除。

4.5.4 建成环境对不同出行目的能耗影响的回归结果比较与解析

通过依次导入不同类别变量的方法，分别构建了不同的模型。其中，E 为交通总出行能耗，E_W 为通勤出行能耗，E_N 为非通勤出行能耗。各模型分析结果见表 4-24。

表 4-24　不同出行目的能耗模型回归分析结果

自变量	E 模型	E_W 模型	E_N 模型
对数常住人口	0.044**	0.065***	−0.061
自行车数量	−0.118***	−0.125***	−0.089***
电动车数量	−0.127***	−0.139***	−0.067**
摩托车数量	0.217***	0.219***	0.237***
汽车数量	0.634***	0.653***	0.495***
性别	0.256***	0.276***	0.170***
18 岁以下	—		
18 至 60 岁	0.189***	0.202***	−0.099
60 岁以上	0.021	0.011	−0.263
小学及以下	—		
初中	0.224***	0.240***	0.162***
高中	0.375***	0.395***	0.295***
大学	0.447***	0.480***	0.321***
研究生及以上	0.554***	0.619***	n.s.
学生	0.197***	0.117	0.495***
企事业单位工作者	0.276***	0.223***	0.184***
个体经营者	0.340***	0.287***	0.349***
退休	—		
无业	0.197***	0.164***	n.s.
2 万元以下	—		
2 万元至 5 万元	0.187***	0.208***	−0.006
5 万元至 10 万元	0.544***	0.545***	0.499***

自变量	E 模型	E_W 模型	E_N 模型
10 万元以上	0.764***	0.792***	0.348***
改扩建城市道路	0.048***	0.044**	−0.002
缩短公交发车间隔	0.071***	0.082***	−0.053
调整公交线路	−0.006	−0.030	−0.003
加快轨道交通建设	0.082***	n.s.	n.s.
增加行人过街设施	−0.043**	−0.048**	−0.126***
增加停车设施	0.101***	0.092***	0.056
加强违章管理	0.046**	0.032	n.s.
对数人口密度	−0.094***	−0.115***	n.s.
土地混合利用程度	−0.415**	−0.421**	n.s.
对数道路交叉口密度	−0.079**	−0.112***	n.s.
对数与工作地点距离	0.433***	0.440***	n.s.
对数服务设施邻近度	−0.164***	−0.128***	−0.352***

注：**$P < 0.05$ ***$P < 0.01$；"n.s."表示该变量与因变量不存在相关性；"—"表示该变量为控制变量。

首先，纵向比较各模型不同变量对其出行能耗的影响。在控制模型中其他变量的情况下，通勤出行能耗模型中，家庭特征各变量均会对出行能耗产生显著影响。居民个人特征各变量除 60 岁以上和学生人群外，其他变量均会对出行能耗产生显著的影响。交通出行态度各变量除认为需要改扩建城市道路、调整公交线路、加快轨道交通建设、加强违章管理外，其他变量均会对出行能耗产生显著影响。建成环境各变量均会对出行能耗产生显著影响。其中，与工作地点距离对通勤出行能耗的影响程度最大，而道路交叉口密度对能耗的影响程度最小。

就非通勤出行能耗模型而言，家庭特征各变量除常住人口外，其他变量均会对出行能耗产生显著影响。居民个人特征各变量中除年龄、研究生及以上学历、无业和年收入在 2 万元至 5 万元的人群外，其他变量均会对出行能耗产生显著影响。交通出行态度各变量，仅认为需要增加行人过街设施的人群对出行能耗有显著影响。建成环境各变量，只有服务设施邻近度对出行能耗有显著影响，结果显示，随着服务设施邻近度的增加，居民非通勤出行能耗降低。

其次，横向比较建成环境各变量对不同出行目的能耗的影响。可以看出，人口密度、土地混合利用程度、道路交叉口密度、与工作地点距离均会显著影响交通总出行和通勤出行能耗，且各变量均是对通勤出行能耗的影响程度较大，但其对非通勤出行无显著影响。当人口密度增加1%时，交通总出行能耗和通勤出行能耗分别减少约0.094%和0.115%；当土地混合利用程度增加1%时，交通总出行能耗和通勤出行能耗分别减少0.415%和0.421%；当道路交叉口密度增加1%时，交通总出行能耗和通勤出行能耗分别减少约0.079%和0.112%；当与工作地点距离增加1%时，交通总出行能耗和通勤出行能耗分别增加0.433%和0.440%。然而，随着服务设施邻近度的增加，交通总出行能耗和不同出行目的能耗均会减少。当服务设施邻近度增加1%时，交通总出行能耗、通勤出行能耗和非通勤出行能耗分别减少约0.164%、0.128%和0.352%。由此可见，服务设施邻近度对非通勤出行能耗的影响程度最大，对交通总出行能耗的影响程度其次，而对通勤出行能耗的影响程度最小。

4.6　建成环境对不同出行方式能耗影响的统计分析

为了详细揭示建成环境与交通出行能耗的关系，本研究还进一步分析了各要素对不同出行方式能耗的影响。基于交通总出行样本，本研究以交通出行工具为依据，分别筛选出高能耗和低能耗出行方式样本，并以此分别构建分析模型。

4.6.1　以交通工具使用为依据划分高能耗和低能耗出行方式

现有相关研究关于出行方式的分类，仅是依据出行工具进行划分。例如，拉贾马尼（Rajamani）[134]等人在研究城市形态对非通勤出行模式选择的影响时，将出行方式分为驾车、乘车、公交、步行和自行车五类；姚宇[71]在研究建成环境对交通出行碳排放的影响时，将居民交通工具分为小汽车、出租车、公交车和地铁四类；纳斯里（Nasri）[139]在研究美国城市形态对居民出行行为的影响时，将出行方式分为汽车、公交车和步行/自行车三类；田（Tian）[140]在分析建成环境与学生出行行为的关系时，将学生的出行方式分为步行、骑车、公交车、校车和开车五类。此外，还有关于建成环境对出行模式影响的研究，例如，王（Wang）[128]分析了美国加利福尼亚州建成环境对自行车出行的影响。

本研究在进行交通出行调研时，将出行方式分为了九类供被调研者选择，分为是步行、自行车、电动车、摩托车、公交车、班车、驾驶汽车、乘坐汽车、出租车以及其他。本章主要分析建成环境对交通出行能耗的影响，由于步行和自行车出行无能耗产生，因此，研究需要将这两类出行样本排除后，再按照不同出行方式能耗的高低进行分类。依据不同交通出行方式的能源强度因子可以看出，与私家车和出租车相关的出行能耗相对较高，而与公交车①、班车和电动车相关的出行能耗相对较低，所以，本节交通出行方式共分为高能耗方式出行和低能耗方式出行两类，如图 4-17 所示。

---

① 公交车能源强度因子为 10.680MJ，考虑到宁波市公交同程搭载率约合 27 人 / 车次，故居民单次单程出行公交能源强度因子仅为 10.68/27=0.396MJ，属于低能耗出行。

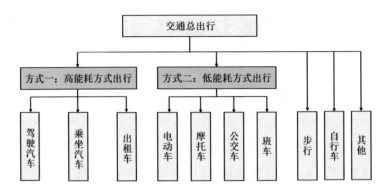

图 4-17　不同出行方式分类

其中，高能耗方式出行包括驾驶汽车、乘坐汽车、出租车，低能耗方式出行包括电动车、摩托车、公交车、班车。需要说明的是，为了明确单次出行能耗的高低，本研究只选取单一出行方式的样本，调研过程中，若部分样本单次出行同时包含两种及以上出行方式，那么研究将此类样本剔除。

4.6.2　不同出行方式能耗与各影响因素的数据统计

基于筛选出的样本，本研究分别统计了各模型因变量和自变量的数据。

1. 因变量

本节研究的因变量分别为高能耗方式出行能耗（E_H）和低能耗方式出行能耗（E_L）。根据交通总出行样本中每条出行信息的出行方式，本研究分别筛选出高能耗和低能耗方式出行能耗模型的样本。不同出行方式能耗取自然对数前后统计数据见表 4-25。

表 4-25　不同出行方式能耗取对数前后统计

变量名称	样本量	最小值	最大值	均值	标准差
高能耗方式出行能耗	4 950	1.04	190.78	39.37	44.52
低能耗方式出行能耗	8 636	0.03	38.25	2.54	4.54
对数高能耗方式出行能耗	4 950	0.71	5.26	3.19	1.00
对数低能耗方式出行能耗	8 936	0.3	3.67	0.87	0.76

从表中可以看出，整个出行样本（22 112 个）中高能耗方式出行所占比例为 22.39%，而低能耗方式出行所占比例为 39.06%。由此可见，宁波市居民低能耗方式出行多于高能耗方式出行。

2. 自变量

不同出行方式能耗模型的自变量和其中非虚拟变量的对数值统计信息见表 4-26。

表 4-26　不同出行方式能耗模型自变量信息统计

自变量	高能耗方式出行 N=4 950		低能耗方式出行 N=8 636	
	均值	标准差	均值	标准差
人口密度	3.06	1.73	3.28	1.70
土地混合利用程度	0.19	0.09	0.19	0.08
道路交叉口密度	38.44	20.17	40.14	20.62
与工作地点距离	6.73	1.50	6.72	1.44
服务设施邻近度	0.87	0.24	0.87	0.25
常住人口	2.95	1.07	2.88	1.07
自行车数量	0.50	0.71	0.55	0.71
电动车数量	0.52	0.66	1.06	0.85
摩托车数量	0.03	0.21	0.06	0.26
汽车数量	1.11	0.64	0.25	0.49
性别	0.63	0.48	0.46	0.50
18 岁以下	0.05	0.22	0.04	0.20
18 至 60 岁	0.92	0.27	0.86	0.34
60 岁以上	0.03	0.17	0.09	0.29
小学及以下	0.07	0.26	0.13	0.34
初中	0.18	0.38	0.31	0.46
高中	0.19	0.39	0.25	0.43
大学	0.54	0.50	0.30	0.46
研究生及以上	0.03	0.16	0.01	0.09
学生	0.05	0.23	0.05	0.23
企事业单位工作者	0.57	0.50	0.45	0.50
个体经营者	0.27	0.44	0.24	0.43
退休	0.04	0.18	0.13	0.33

续表 4-26

自变量	高能耗方式出行 N=4 950		低能耗方式出行 N=8 636	
	均值	标准差	均值	标准差
无业	0.07	0.26	0.12	0.33
2万元以下	0.14	0.35	0.32	0.47
2万元至5万元	0.30	0.46	0.52	0.50
5万元至10万元	0.39	0.49	0.14	0.34
10万元以上	0.17	0.38	0.02	0.13
改扩建城市道路	0.66	0.47	0.57	0.49
缩短公交发车间隔	0.31	0.46	0.49	0.50
调整公交线路	0.34	0.47	0.46	0.50
加快轨道交通建设	0.31	0.46	0.31	0.46
增加行人过街设施	0.21	0.41	0.26	0.44
增加停车设施	0.63	0.48	0.30	0.46
加强违章管理	0.35	0.48	0.33	0.47
对数人口密度	0.87	0.80	0.96	0.78
对数道路交叉口密度	3.44	0.73	3.47	0.75
对数与工作地点距离	1.89	0.20	1.89	0.19
对数服务设施邻近度	−0.21	0.47	−0.22	0.52
对数常住人口	1.02	0.35	1.00	0.36

注：N代表样本量。

从表中可以看出，建成环境变量的均值和标准差变化不大，所以在分析建成环境对不同出行方式能耗的影响时，具有横向可比性。此外，就家庭特征变量而言，除电动车和汽车数量外，其他变量变化不大，这反映了高能耗方式出行样本家庭拥有汽车数量普遍较多，而低能耗方式出行样本家庭拥有电动车数量普遍较多。就居民个人特征变量而言，男性高能耗方式出行比例略高于女性，年龄在60岁以下人群更倾向于选择高能耗方式出行，学历相对较高的人群也倾向于选择高能耗方式出行。高能耗方式出行中，企事业单位工作者和个体经营者所占比例较高，此外，高能耗方式出行人群收入也相对较高。就改善交通系统态度变量而言，高能耗方式出行样本更关注改扩建道路、增加停车设施和加强违规管理，而低能耗方式出行样本更关注公交发车间隔、公交出行线路和行人过街设施。

4.6.3 不同出行方式能耗与各影响因素的关联性预判

不同出行方式能耗模型因变量与自变量的相关性分析结果见表 4-27。

表 4-27　不同出行方式能耗模型因变量与自变量相关性分析结果统计

自变量	高能耗方式出行		低能耗方式出行	
	P	Sig.	P	Sig.
对数人口密度	−0.397	0.000	−0.231	0.000
土地混合利用程度	−0.376	0.000	−0.205	0.000
对数道路交叉口密度	−0.464	0.000	−0.246	0.000
对数与工作地点距离	0.404	0.000	0.225	0.000
对数服务设施邻近度	−0.440	0.000	−0.212	0.000
对数常住人口	0.034	0.018	0.014	0.205
自行车数量	0.016	0.258	0.046	0.000
电动车数量	0.083	0.000	−0.275	0.000
摩托车数量	0.062	0.000	0.168	0.000
汽车数量	−0.026	0.067	−0.007	0.502
性别	0.056	0.000	0.024	0.026
18 岁以下	−0.068	0.000	−0.014	0.192
18 至 60 岁	0.035	0.014	−0.020	0.064
60 岁以上	0.034	0.017	0.034	0.002
小学及以下	−0.052	0.000	−0.032	0.003
初中	0.099	0.000	−0.036	0.001
高中	0.047	0.001	−0.025	0.019
大学	−0.084	0.000	0.078	0.000
研究生及以上	−0.005	0.737	0.027	0.013
学生	−0.054	0.000	0.032	0.003
企事业单位工作者	−0.039	0.006	0.044	0.000
个体经营者	0.035	0.014	−0.072	0.000
退休	0.020	0.165	0.010	0.363
无业	0.047	0.001	−0.004	0.703
2 万元以下	−0.021	0.132	−0.030	0.005
2 万元至 5 万元	0.042	0.003	0.000	0.963
5 万元至 10 万元	−0.002	0.893	0.026	0.016

自变量	高能耗方式出行		低能耗方式出行	
	P	Sig.	P	Sig.
10万元以上	−0.029	0.040	0.040	0.000
改扩建城市道路	−0.024	0.086	−0.033	0.002
缩短公交发车间隔	0.085	0.000	0.079	0.000
调整公交线路	0.024	0.089	0.100	0.000
加快轨道交通建设	−0.057	0.000	−0.035	0.001
增加行人过街设施	−0.020	0.162	−0.029	0.008
增加停车设施	−0.097	0.000	−0.043	0.000
加强违章管理	0.013	0.372	−0.019	0.079

注：Sig. ≤ 0.05 表明相关性显著。

从表中可以看出，高能耗方式出行能耗模型中自行车和汽车数量、研究生及以上学历、退休人员、2万元以下和5万元至10万元年收入人群、认为需要改扩建道路、调整公交线路、增加行人过街设施、加强违章管理变量，低能耗方式出行能耗模型中常住人口、汽车数量、60岁及以下人群、退休和无业人员、2万元至5万元收入人群、认为需要加强违章管理变量与各自模型的因变量不存在相关性。除这些变量以外，其他自变量均与因变量显著相关。

4.6.4　建成环境对不同出行方式能耗影响的回归结果比较与解析

依次导入不同类别的变量，分别构建模型。其中，E 为交通总出行能耗，E_H 为高能耗出行能耗，E_L 为低能耗出行能耗。各模型分析结果见表 4-28。

表 4-28　不同出行方式能耗模型回归分析结果

自变量	E 模型	E_H 模型	E_L 模型
对数常住人口	0.044**	0.025	n.s.
自行车数量	−0.118***	n.s.	0.020
电动车数量	−0.127***	0.064***	−0.255***
摩托车数量	0.217***	0.012	0.323***
汽车数量	0.634***	n.s.	n.s.

自变量	E 模型	E_H 模型	E_L 模型
性别	0.256***	0.077***	0.013
18 岁以下		—	
18 至 60 岁	0.189***	0.331***	n.s.
60 岁以上	0.021	0.325**	0.021
小学及以下		—	
初中	0.224***	0.202***	0.111***
高中	0.375***	0.146***	0.166***
大学	0.447***	0.109**	0.272***
研究生及以上	0.554***	n.s.	0.242***
学生	0.197***	0.000	0.102***
企事业单位工作者	0.276***	−0.066	0.011
个体经营者	0.340***	−0.044	−0.022
退休		—	
无业	0.197***	0.074	n.s.
2 万元以下		—	
2 万元至 5 万元	0.187***	n.s.	n.s.
5 万元至 10 万元	0.544***	0.028	−0.019
10 万元以上	0.764***	−0.008	0.172***
改扩建城市道路	0.048***	n.s.	0.011
缩短公交发车间隔	0.071***	0.047	0.026
调整公交线路	−0.006	n.s.	0.100***
加快轨道交通建设	0.082***	0.025	0.027
增加行人过街设施	−0.043**	n.s.	−0.016
增加停车设施	0.101***	−0.054**	−0.013
加强违章管理	0.046**	n.s.	n.s.
对数人口密度	−0.094***	−0.273***	−0.124***
土地混合利用程度	−0.415**	−2.574***	−1.197***
对数道路交叉口密度	−0.079**	0.091**	0.020
对数与工作地点距离	0.433***	0.394***	0.209***
对数服务设施邻近度	−0.164***	−0.491***	−0.154***

注: **P < 0.05　***P < 0.01；"n.s." 表示该变量与因变量不存在相关性；"—"表示该变量为控制变量。

首先，纵向比较各模型不同变量对其出行能耗的影响。在控制模型中其他变量的情况下，高能耗方式出行能耗模型中，家庭特征各变量中仅有电动车数量对出行能耗有显著影响。居民个人特征各变量中除性别、年龄和大学及以下学历外，其他变量均对出行能耗无显著影响。交通出行态度各变量中，仅认为需要增加停车设施的人群对出行能耗有显著影响。城市建成环境各变量均对出行能耗产生显著影响。其中，土地混合利用程度影响最大，而道路交叉口密度的影响最小。

低能耗方式出行能耗模型中，家庭特征各变量只有电动车和摩托车数量对出行能耗产生显著的影响。居民个人特征各变量中各种学历、学生、年收入 10 万元以上人群对出行能耗有显著影响。交通出行态度各变量中，仅认为需要调整公交线路的人群对出行能耗有显著影响。城市建成环境各变量除道路交叉口密度外，其他变量均对出行能耗产生显著的影响。其中，土地混合利用程度影响最大，而人口密度的影响最小。

其次，横向比较各建成环境变量对不同出行方式能耗的影响。人口密度和土地混合利用程度，对交通总出行和不同出行方式能耗均产生显著影响，且对高能耗方式出行能耗的影响程度最大，对交通总出行能耗的影响程度最小。当人口密度增加 1% 时，交通总出行、高能耗方式出行和低能耗方式出行能耗分别减少约 0.094%、0.273%、0.124%；当土地混合利用程度增加 1% 时，交通总出行、高能耗方式出行和低能耗方式出行能耗分别减少约 0.415%、2.574%、1.197%。

与工作地点距离和服务设施邻近度，均对交通总出行和不同出行方式能耗产生显著影响；但与工作地点距离对交通总出行能耗的影响程度最大，对低能耗方式出行能耗的影响程度最小；而服务设施邻近度对高能耗方式出行能耗的影响程度最大，对低能耗方式出行能耗的影响程度最小。当与工作地点距离增加 1% 时，交通总出行、高能耗方式出行和低能耗方式出行能耗分别增加约 0.433%、0.394%、0.209%，当服务设施邻近度增加 1% 时，交通总出行、高能耗方式出行和低能耗方式出行能耗分别减少约 0.164%、0.491%、0.154%。

有趣的是，随着道路交叉口密度的增加，交通总出行能耗会有所减少，但高能耗方式出行能耗会有所增加。当道路交叉口密度增加 1% 时，交通总出行能耗会减少约 0.079%，高能耗方式出行能耗会增加约 0.091%。由此可见，道路交叉口密度对高能耗方式出行能耗的影响程度相对较大，而对交通总出行能耗的影响程度相对较小。

　　综合本章统计分析，人口密度、土地混合利用程度和与工作地点距离对交通总出行、通勤出行和不同方式出行有显著影响，道路交叉口密度对交通总出行、通勤出行和高能耗方式出行有显著影响，服务设施邻近度则对交通总出行、不同目的和不同方式出行均有显著影响。从影响程度来看，人口密度、土地混合利用程度和服务设施邻近度对高能耗方式出行影响程度最大，而道路交叉口密度和与工作地点距离对通勤出行影响程度最大。

4.7　生活行为导向下建成环境对交通出行能耗的影响解析

由一般到特殊，本章研究分别构建了交通总出行、不同出行目的和不同出行方式能耗分析模型，基于量化分析发现，人口密度、土地混合利用程度、道路交叉口密度、与工作地点距离和服务设施邻近度五个变量，可以通过在不同层面改变居民的出行行为对交通出行能耗产生不同程度的影响。

1. 人口密度

总体上看，人口密度对交通出行能耗有显著负相关影响。但如果以不同出行目的和不同出行方式为基础建模，人口密度对通勤出行能耗和不同出行方式能耗的负相关影响显著，而对非通勤出行能耗无显著影响。

对于宁波市而言，总体上随着社区内人口密度的增加，居民交通出行能耗减少。这主要是由于人口密度较大的社区往往开发密度较大，相应的配套设施比较完善，居民日常生活中的各种出行相对便捷，出行的距离和时间也相对较短，从而可以减少其交通出行能耗。同时，研究结果显示，人口密度的增加能减少通勤出行能耗，而对非通勤出行能耗无显著影响。这是由于完善的配套设施，可以显著减少上下班和上下学的出行距离，但其对于非通勤出行而言并不显著。此外，研究结果还显示，人口密度的增加能减少各种方式的出行能耗，并且对高能耗方式出行能耗的影响程度大于低能耗方式。这同样与出行距离有关，当与出行目的地距离缩短后，无论采用哪种方式出行能耗都会相应减少，有些出行甚至在不借助交通工具的情况下也可以完成。而人口密度对高能耗方式出行能耗的影响程度大于低能耗方式，这是由于短距离出行居民更倾向于选择方便且经济的交通工具，因此，可以大量减少私家车等高能耗交通工具的使用频率。此外，本研究还发现，人口密度变量与公交站邻近度变量具有多重共线性，通过双变量相关性分析也发现这两个变量具有显著正相关性，这说明，人口密度较大的社区公交站邻近度相对较高，当居民与公交站距离相对较近时，选择公交出行的频率会上升，从而在一定程度上也会减少驾驶私家车或乘坐出租车等高能耗方式出行，进而有利于降低交通出行能耗。弗兰克（Frank）[68] 等人的研究也显示，人口密度与步行和乘坐公交车出行的比例呈显著正相关。

总体上看，虽然人口密度对居民交通出行产生负相关影响，但其影响程度相对较弱，系数为 −0.094。通过对比其他研究案例发现，欧美许多研究也证明人口密度会对机动车行驶里程（VMT）产生负相关影响，且影响程度弱于其他建成环境变量，其系数均值为 −0.04 [14]。而本研究结果显示，人口密度对高能耗方式出行能耗的影响系数为 −0.273，虽然影响程度较弱，但高于欧美城市的平均水平。这主要是由于宁波市人口密度相对高于欧美其他城市，高密度区域具有较好的公交可达性，这在一定程度上促进了人们使用公交出行，减少了机动车使用频率，因此，宁波市人口密度对机动车出行的负相关影响程度高于欧美其他城市的平均水平。

2. 土地混合利用程度

总体上看，土地混合利用程度对交通出行能耗呈显著负相关影响。但如果以不同出行目的和不同出行方式为基础建模，土地混合利用程度对通勤出行能耗和不同出行方式能耗的负相关影响显著，而对非通勤出行能耗无显著影响，这与人口密度对出行能耗的影响情况类似。

本研究在计算土地混合利用程度时，主要考虑了居住、商业和公共服务设施用地，因此，该变量在一定程度上也可以反映出社区内职住平衡以及各类设施的可达性。研究结果显示，随着社区内土地混合利用程度的增大，居民交通总出行能耗、通勤出行能耗、各种方式出行能耗均会减少。这主要是由于，居民在土地混合利用程度较高的社区，因工作等目的的出行距离和时间相对较短，因此利用各种交通工具出行的能耗会有所减少。就宁波市而言，土地混合利用程度的提高更能显著减少通勤出行能耗，这说明职住平衡能显著影响居民的日常出行。当社区内工作岗位与住宅的比例趋于平衡时，可以缩短上下班等通勤出行的距离和时间，因此相应的能耗也会明显减少。此外，就不同出行方式而言，土地混合利用程度对高能耗方式出行能耗的影响程度大于低能耗方式，这是因为，在出行距离和出行时间缩短的情况下，居民更愿意选择公交或者电动车等低能耗方式出行。

就影响程度而言，宁波市土地混合利用程度对高能耗方式出行能耗的影响程度最高，系数为 −2.574。而欧美相关研究显示，土地混合利用程度对机动车行驶里程的影响系数均值为 −0.09[14]，影响程度相对较弱。笔者认为，这主要是由于城市间开发方式存在差异所致。欧美城市扁平化程度较高，即城市规模相对较大，建筑高度相对较低，城市人均使用面积相对较大，路网系统发达，人们日常出行对小汽车的依赖程度较高，因此，土地混合利用程度对人们出行方式的选择影响较弱。而宁波市与欧美大多数城市恰好相反，在开发强度相对较高的状态下，土地混合利用程度直接影响着人们的出行方式与出行距离。因此，宁波市土地混合利用程度对机动车出行的影响程度高于欧美其他城市的平均水平。

3. 道路交叉口密度

总体上看，道路交叉口密度对交通出行能耗呈显著负相关影响。有趣的是，如果以不同出行目的和不同出行方式为基础建模，该变量对通勤出行能耗呈显著负相关影响，对高能耗方式出行能耗却呈显著正相关影响，而对非通勤出行和低能耗方式出行能耗无显著影响。

笔者认为，道路交叉口密度在一定程度上反映了路网密度，体现了路网系统的连接性。就宁波市而言，总体上，随着社区内道路交叉口密度增大，居民交通出行能耗降低。这主要是因为，社区内道路交叉口增多可以为居民提供更多的出行线路，居民会依据各自的出行需求选择最节能的出行路线，从而降低了交通总出行能耗。同时，随着道路交叉口密度的增加，通勤出行能耗会降低，而非通勤出行能耗无显著变化。这主要是由于，宁波市主城区路网形式为方格网式，该类路网结构当交叉口密度增加后，居民出行的灵活性会增强，可以有效减少出行时间。一般而言，通勤出行对出行的时间要求比较严格，而非通勤出行对出行时间要求相对较低，所以道路交叉口密度的增加能显著影响通勤出行能耗，而对非通勤出行能耗无显著影响。此外，本研究结果还显示，随着道路交叉口密度的增加，高能耗方式出行能耗会有所升高，而低能耗方式出行能耗无显著变化。这说明对于有私家车的人群而言，当路网连接性较好时，可以吸引其选择驾车等高能耗方式出行，行驶车辆增多产生交通拥堵使得车辆在怠速状态下增加了出行能耗，而对于其他人群而言，居民出行习惯相对固定，人们更关注出行的时间，道路设计并不会影响居民对出行工具的选择。

　　总体上看，宁波市道路交叉口密度对居民交通总出行能耗呈负相关影响，影响程度低于其他建成环境变量，模型中系数为 -0.079。有趣的是，该变量对高能耗方式出行能耗呈正相关影响，影响程度亦低于其他建成环境变量，系数为 0.091。这与欧美国家的情况明显不同，欧美相关研究结果显示，道路交叉口密度对机动车行驶里程的影响系数均值为 -0.12[14]，影响程度明显高于宁波市。笔者认为，这主要与人们的出行方式有关。欧美国家，尤其美国是车轮上的国家，人们对道路网的连接性更加敏感，道路交叉口密度增大人们可以优化出行线路，从而有效减少出行距离。此外，路网连接性增强后也可以促进居民选择步行等出行方式，进而降低小汽车的使用频率。而宁波市居民出行方式以电动车为主（详见本书第4.2 节），道路交叉口密度增大会在一定程度上减少居民的出行距离，但量化分析结果显示，其不仅不能减少低能耗方式出行耗能，还会促进部分人群选择高能耗方式出行。因此，道路交叉口密度对宁波市交通出行的影响程度低于欧美其他城市的平均水平。

4. 与工作地点距离

　　总体上看，与工作地点距离对交通出行能耗呈显著正相关影响。但如果以不同出行目的和不同出行方式为基础建模，与工作地点距离对通勤出行能耗和不同出行方式能耗的正相关影响显著，而对非通勤出行能耗无显著影响。

　　笔者认为，与工作地点距离增加后，居民交通出行能耗也会增加，主要因为与工作地点距离较远的社区往往与市中心距离较远，这些社区开发密度相对较低，配套服务设施相对不完善，因此，居民为满足各种生活需要，出行距离就会增加。就本研究而言，与工作地点距离由远及近的样本社区依次是：洪塘社区、高新区社区、东湖观邸社区、南部商务区社区、东部新城社区、高塘社区、世纪东方综合体商圈社区、三江口老城区社区、鄞州居住社区。可以看出，位于城区外围且功能单一的社区距工作地点普遍较远，而靠近市中心且功能混合的社区距工作地点相对较近。因此，加强宁波市城区外围各社区的土地利用多样性，提高现有社区的职住平衡和土地混合利用程度，对减少交通出行能耗具有十分重要的作用。此外，随着与工作地点距离的增加，居民通勤出行能耗也会增加，而非通勤出行能耗无显著变化。这主要是由于，与工作地点距离更远，会导致通勤距离和通勤时间的增加，进而影响到出行能耗，而非通勤出行不受此影响。此外，研究结果还显示，随着与工作地点距离的增加，选择不同出行方式出行的居民出行能耗均会增加。这是由于，居住在与工作地点距离较远的居民，为满足日常生活需求的出行距离相对较远，无论采用哪种出行工具都会增加其交通出行能耗。从影响程度来看，通勤距离的增加，对高能耗方式出行的影响程度大于低能耗方式出行。

总体上看，与工作地点距离对居民交通出行能耗的影响程度高于其他建成环境变量，影响系数为 0.433，其对高能耗方式出行能耗的影响系数为 0.394。欧美的许多研究也证明，工作可达性对机动车行驶距离的影响程度高于其他建成环境变量，影响系数均值为 −0.20[14]。笔者认为，这是由于中国与欧美国家在土地开发和居民生活方式上存在差异所致。欧美城市各住区土地开发强度和混合利用程度差异性相对较小，而对于宁波市而言，与工作地点距离较远的社区功能相对单一，土地混合利用程度较低，土地利用差异性相对明显，因而其对交通总出行能耗影响程度高于欧美其他城市的平均水平。此外，欧美居民常随工作变动而变更居住地址，而国内居民住所地址相对固定，当与工作地点距离增加后，其对高能耗方式出行能耗影响程度高于欧美其他城市的平均水平。

5. 服务设施邻近度

基于各模型分析结果，服务设施邻近度对各种不同出行目的和不同出行方式的交通出行能耗均呈显著负相关影响。

本研究服务设施包括教育、医疗和商业设施。当居民与服务设施的距离缩短后，其上下学、接送、看病和日常购物等各种出行距离均会缩短，进而降低居民的交通总出行能耗。同时，本研究结果还显示，随着服务设施邻近度的增加，不同出行目的能耗均会降低，其中对非通勤出行能耗影响程度相对较高。此外，随着服务设施邻近度的增加，不同出行方式能耗均会降低，且对高能耗方式出行能耗影响程度大于低能耗方式。一方面，当教育设施邻近度增加时，有利于家庭中女性和祖父家长接送学生，而这部分人群多以低能耗或零能耗方式出行。另一方面，由于服务设施周边业态丰富、人口密集，经常会出现怠速、堵车等现象，不利于高能耗方式出行。因此，当服务设施邻近度增加后，高能耗方式出行会有所减少。

就影响程度而言，服务设施邻近度对交通总出行能耗影响程度低于与工作地点距离和土地混合利用程度，但高于人口密度和道路交叉口密度，模型中服务设施邻近度的影响系数为 −0.164。虽然现有文献很少将综合公共服务设施邻近度作为建成环境变量进行研究，但从其他研究结果中也不难发现，目的地可达性对交通出行能耗的影响程度相对较高[14]。同样，就宁波市而言，本研究认为，目的地可达性和土地利用多样性对交通出行能耗的影响程度高于人口密度和道路设计。

LOW-CARBON CITY

第 5 章 生活能耗控制导向下，宁波市建成环境规划引导

基于本书第 3 章和第 4 章的量化分析结果，建成环境可以对生活能耗产生显著影响的变量主要体现在住宅建筑规划布局、土地混合利用和道路设计三个方面。同时，基于可持续发展的人城关系，生活能耗控制导向下的建成环境规划设计，应该从优化室内外微环境的角度提出住宅建筑规划布局引导措施，从提高目的地可达性的角度提出土地混合利用引导措施，从促进低碳方式出行的角度提出道路设计引导措施。此外，还应将建成环境各指标评价结果和引导措施纳入规划评估体系。

5.1 基于优化室内外微环境的住宅建筑规划布局引导

本书第 3 章已经证明住宅类型、住宅面积、建筑朝向、建筑密度和容积率可以通过改变室内外微环境，对单元式住宅能耗产生显著影响。但是，单元式住宅选择何种户型蓄热性能最好，建筑处于什么朝向最有利于接收太阳辐射，开发强度控制在什么范围可以有效降低室外热岛效应，仍需进一步探析。针对这些问题，本研究将按照逐步分析相对节能的"户—单元—单栋建筑—空间布局"的思路，确定便于充分利用室内外微环境降低能耗的住宅建筑规划布局。

首先借助模拟分析来比较住宅能耗。根据居住区的特点，本研究以户为单位作为一个热工分区进行建模。首先，利用 Sketch-Up 软件中插件 OpenStudio 进行物理模型的建立，并定义构造信息和边界条件；其次，利用 EnergyPlus 软件打开生成的 idf 文件，并对其朝向、材料参数、构造参数、室内得热情况、暖通空

调系统、室外气象参数等进行详细的设置；最后，得到基于宁波地区气象参数下各个工况的能耗对比结果。EnergyPlus 软件是由美国能源部和劳伦斯·伯克利国家实验室共同开发的建筑能耗模拟系统，可用来对建筑的供暖、制冷、照明、通风等能耗进行模拟分析。与其他能耗模拟软件相比，EnergyPlus 采用热平衡法模拟负荷，模拟结果的可靠性相对较高[141]。为了便于比较，模拟过程中需要控制变量的参数，保证不同建筑的围护结构参数均相同。需要说明的是，模拟结果仅与建筑本身和周围建成环境因素有关，而与家庭、个人等其他因素无关，所以模拟的能耗数值与调研数值会存在差异。此外，由于不同户型住宅面积不同，为了规避这种影响，本研究在分析时，将单位面积能耗作为住宅能耗。

5.1.1　确定合适的住宅形式

就住宅面积而言，本书第 4 章量化分析显示，住宅面积仅对后期建成住宅的用电量呈显著正相关影响，而对总体住宅、单元式住宅、早期建成住宅的用电量均无显著影响。本研究总体住宅、单元式住宅、早期建成住宅和后期建成住宅样本的平均面积分别为：119.4 m²、93.5 m²、102.3 m² 和 137.8 m²，由此可以推断，当住宅面积增加到一定程度之后，其本身对各种生活用能的需求会有所突显，而当住宅面积相对较小时，这种需求并不能够显著影响住宅用电量。以室内通风为例，本研究通过模拟相同面宽下进深为 12m、14m、16m 和 18m 的住宅室内通风效果可以看出，当进深在 12~14m 之间时，室内通风效果较好；当进深大于 16m 时，室内出现空气龄较大的区域，如图 5-1 所示。

因此，住宅套型的设计在满足居民使用舒适性的前提下，应尽量加强平面的紧凑性，提高单位面积的利用效率，因为住宅面积过大必将对资源和空间造成浪费。首先，套型内各种功能空间所占比例应该协调。对于使用频率较高的空间，例如卧室和起居室，应适当提高其所占比例；而对于活动范围较小的空间，例如餐厅和卫生间，设计面积则不必过大。其次，套型内应减少不必要的交通空间。调研中发现，部分住宅内部交通空间所占面积较大，但这些空间的利用率都很低，

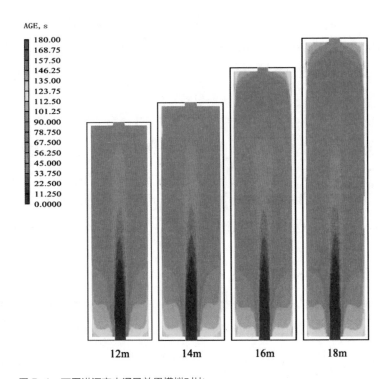

AGE, s

180.00
168.75
157.50
146.25
135.00
123.75
112.50
101.25
90.000
78.750
67.500
56.250
45.000
33.750
22.500
11.250
0.0000

12m　　14m　　16m　　18m

图 5-1　不同进深室内通风效果模拟对比

所以在未来套型设计时，应避免住宅内部出现纯过道空间。此外，住宅面积还应与家庭人口相匹配。基于调研得知，宁波市家庭基本上为三口之家，按照总体规划人均住房建筑面积不小于 30 m² 的要求，宁波市家庭住宅面积应控制在 90 m² 以上。综合考虑使用舒适性、单位面积利用效率、总体规划要求、量化分析结果，笔者建议宁波市每户住宅面积宜控制在 90~120 m² 之间。

就住宅类型而言，由第 4 章量化分析结果可知，体形系数较小的住宅有利于降低家庭用电量。本研究单元式住宅包括板式和塔式两种，为了验证量化分析结果，以及确定何种类型单元式住宅有利于降低能耗，本研究分别选取了套型面积在 90 ~ 120 m² 的一梯两户板式住宅和一梯四户塔式住宅进行模拟，户型如图 5-2 所示。以 11 层建筑为例，模拟的板式和塔式住宅单位面积能耗见表 5-1。

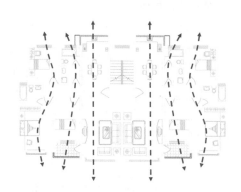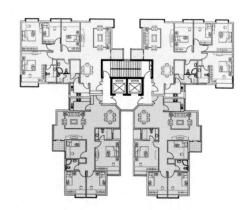

图 5-2　板式住宅与塔式住宅户型对比

表 5-1　板式和塔式住宅单位面积能耗模拟结果对比

平面形式	用电能耗 （kW·h/m²）	制冷能耗 （kW·h/m²）	供热能耗 （kW·h/m²）	单位面积总能耗 （kW·h/m²）
板式	90.23	100.18	26.81	217.22
塔式	90.23	103.89	32.85	226.97

从表中可以看出，板式和塔式住宅单位面积用电能耗相当，但是塔式住宅的制冷和供热能耗相对较高，导致塔式住宅单位面积总能耗高于板式住宅。这主要是由于板式住宅的体形系数相对较低，因此，该类型的房屋蓄热性能较好。从图 5-2 也可以看出，塔式住宅的均好性和面积利用率相对较差，每户住宅的通风和采光条件不如板式住宅，部分家庭南北不通透。此外，基于第 3 章对不同建筑形式住宅能耗的比较也可以看出，样本中板式住宅用电量平均值约为 201.72 kW·h，塔式住宅用电量平均值约为 242.34 kW·h，可见板式住宅用电量均值低于塔式住宅。综合考虑上述原因可得，宁波市有利于降低住宅用电量的住宅类型为板式住宅。

5.1.2　确定恰当的单元组合

在进行板式住宅标准层设计时，应考虑合适的单元组合。本研究分别对 2 个、3 个和 4 个单元组合的住宅能耗进行了模拟，结果见表 5-2。

表 5-2　不同单元数量住宅单位面积能耗模拟结果对比

单元数量（个）	用电能耗 （kW·h/m²）	制冷能耗 （kW·h/m²）	供热能耗 （kW·h/m²）	单位面积总能耗 （kW·h/m²）
2	90.23	94.92	28.02	213.17
3	90.23	95.92	26.24	212.39
4	90.23	75.78	41.54	207.55

从表中可以看出，随着单元数量的增加，每户单位面积能耗降低。建筑由 2 个单元变为 3 个单元时，单位面积能耗降低趋势并不太明显，但改为 4 个单元的组合时，能耗减少相对显著。单元数量越多能耗越低主要是受体形系数的影响，通过计算得知，随着建筑长宽比的增加，建筑的体形系数会减小，但减小的程度会逐渐降低，最后趋向定值，所以宁波市住宅建筑在满足消防等相关规范的前提下，可以适当提高每栋楼单元的数量。这样做一方面可以降低建筑的体形系数，另一方面，当住宅建筑的体积一定时，朝南布局的建筑适当提高长宽比可以使住宅获取更多的太阳辐射能。一般住宅建筑的长度应控制在 80m 以内，所以 3 至 4 个单元的组合相对较好。此外，板式住宅标准层应尽量减少外墙面的凹凸变化，追求平整简洁的住宅外立面，多个单元进行拼接时应避免错位拼接。

5.1.3　确定适宜的建筑朝向

基于本书第 4 章量化分析结果可知，住宅所在建筑的主立面从正东西方向转向正南北方向的过程中，住宅用电量会有所减少。为了验证住宅建筑是否朝向正南方向时最有利于节能，本研究对板式住宅建筑进行了模拟分析。

以正南朝向为基准，分别向东西两侧依次旋转 15°，由此模拟了七种情况下的住宅能耗，结果见表 5-3。

表 5-3　不同朝向住宅单位面积能耗模拟结果对比

建筑朝向	用电能耗 （kW·h/m²）	制冷能耗 （kW·h/m²）	供热能耗 （kW·h/m²）	单位面积总能耗 （kW·h/m²）
南偏东 45°	90.23	108.17	32.12	230.52
南偏东 30°	90.23	104.45	30.58	225.26

续表 5-3

建筑朝向	用电能耗 （kW·h/m²）	制冷能耗 （kW·h/m²）	供热能耗 （kW·h/m²）	单位面积总能耗 （kW·h/m²）
南偏东 15°	90.23	101.24	28.56	220.03
正南朝向	90.23	100.18	26.81	217.22
南偏西 15°	90.23	102.39	25.84	218.46
南偏西 30°	90.23	107.36	25.78	223.37
南偏西 45°	90.23	112.92	26.50	229.65

从表中可以看出，建筑由东西两侧 45° 向正南朝向旋转过程中，住宅能耗逐渐降低，正南朝向住宅的单位面积能耗最低。这主要是由于正南朝向可以获得更好的采光和通风量，从而有利于住宅室内通风、照明和对太阳能的利用。其中，建筑由偏东西 45° 向偏 15° 旋转时能耗变化相对较大，由偏东西 15° 向正南朝向旋转时能耗变化相对较小。

此外，本研究还借助 Weather Tool[①]软件对宁波市住宅建筑的最佳朝向进行了模拟。将宁波市经纬度、海拔、气象数据等内容输入 Weather Tool 分析软件，在统筹考虑太阳能和风能利用的情况下，模拟得出宁波市住宅建筑的最佳结果，如图 5-3 所示。

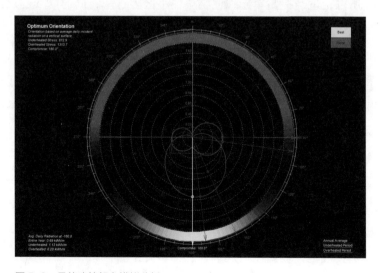

图 5-3　最佳建筑朝向模拟分析

---

① Weather Tool 是 Autodesk analysis ecotech 软件中的子软件，可以利用不同地区的气象、地貌等信息模拟出建筑热辐射与其周围环境的关系。

图中黄色部分为住宅利用太阳能和风能较好的朝向，红色部分则为住宅建筑较差的朝向。蓝圈表示全年最冷月份（12月至次年2月）各方向太阳辐射量，红圈表示全年最热月份（6月至8月）各方向太阳能辐射量，绿圈表示全年各方向平均太阳辐射量。由于气温较低的月份需要更多的太阳辐射量，而气温较高的月份太阳辐射量需求较低，所以利用线性规划的思路可以求出建筑的最佳朝向。以图中中心点为原点向外每隔0.1°作射线，射线和蓝圈的交点与射线和红圈的交点距离最大的射线所指向的角度为住宅接收太阳辐射最佳角度，也就是住宅建筑的最佳朝向，即图中黄线所指向的角度。同理，图中红色粗线所指向的角度为住宅建筑朝向最差的角度。综合上述分析，宁波市住宅建筑最佳朝向范围在南偏东15°至南偏西15°之间，其中正南朝向是建筑的最佳朝向，此朝向与宁波市的盛行风向相吻合，有利于加强室内通风效果。

5.1.4 确定合理的居住区开发强度

基于本书第4章量化分析结果可知，总体上，容积率对住宅用电量呈显著负相关影响，建筑密度呈显著正相关影响，这种影响尤其对后期建成的单元式住宅表现明显，所以，适当提高单元式住宅居住小区容积率，同时降低建筑密度，有利于减少住宅用电量。通过比较不同层数住宅建筑布局方案可以看出，随着楼层数量的增加，相应建筑容积率增加，同时由于建筑高度提升后，住宅前后间距增大，导致建筑密度降低。因此，量化分析结果也可以理解为，建筑层数增加有利于降低住宅用电量。为了探究住宅能耗如何随着建筑层数的变化而变化，本研究对不同层数建筑的住宅能耗进行了模拟对比分析。

基于本书第5.5.1节的分析结果和宁波市规划要求，不同层数的住宅建筑规划布局需要考虑到以下六个限制条件：第一，分析结果认为，住宅面积宜控制在90 ~ 120 m² 之间，因此模拟分析时选取的住宅套型面积为110 m²。第二，本研究认为，板式住宅更有利于节能，因此模拟分析住宅类型选为板式住宅。考虑到建筑消防等相关规范，板式住宅建筑为三个单元组合。第三，由于正南朝向是住宅建筑的最佳朝向，因此所有建筑均以正南朝向布局，同时，考虑到宁波市夏季盛行东南风，冬季盛行西北风，为了避免在住宅建筑之间产生涡流现象，建筑布局应有利于盛行风在建筑之间流通。第四，住宅间距应满足日照要求，各方案的规划布局应保证住宅建筑的居住空间日照不少于 2 小时，借助日照分析软件设定的有效时间带为上午 8 点至下午 4 点，时间计算精度为 1 分钟，计算住宅窗台高度为 0.9 m。第五，宁波市控制性详细规划规定，居住小区住宅建筑高度不得超过 80 m，因此研究分别模拟了建筑层数在 6 层、9 层、11 层、14 层、17 层、20 层、23 层、26 层的情况下，周边环境变化对住宅能耗的影响。第六，为了使不同方案具有可比性，每种层数建筑的空间排列形式应保持一致，假设均为正南朝向的板式住宅情况下，本模拟采用的是行列式布局形式。8 种情况下住宅能耗模拟结果见表 5-4。

表 5-4 不同建筑层数住宅单位面积能耗模拟结果对比

建筑层数（层）	用电能耗 （kW·h/m²）	制冷能耗 （kW·h/m²）	供热能耗 （kW·h/m²）	单位面积总能耗 （kW·h/m²）
6	90.23	88.46	28.99	207.68
9	90.23	88.91	28.63	207.77
11	90.23	72.64	38.65	201.52
14	90.23	73.16	37.97	201.36
17	90.23	90.50	27.47	208.19
20	90.23	74.19	36.62	201.04
23	90.23	74.01	36.62	200.85
26	90.23	73.84	36.68	200.75

从表中可以看出，随着建筑层数的增加，每户住宅单位面积总能耗大体呈减少的趋势，但 17 层建筑的住宅能耗不符合这种趋势，该建筑单位面积能耗最高，所有情况中 26 层建筑每户住宅单位面积能耗最低。由于方案布局时考虑到了各住宅楼间距，所以每种楼层建筑用电能耗模拟结果均相同。就制冷能耗而言，随着建筑层数的增加大体呈下降趋势，而供热能耗随着建筑层数的增加大体呈上升趋势，整体上供热能耗变化幅度小于制冷能耗。由此可见，随着建筑层数的增加，即容积率增加建筑密度减少，住宅周围产生的建筑阴影和通风廊道可以降低家庭

高温季制冷能耗，同时也会增加低温季供热能耗，但前者降低程度相对大于后者的增加程度。此外，研究过程中还发现，建筑的高度、长宽比和体形系数都存在着联系，通过对不同高度和不同长宽比的板式住宅建筑体形系数计算可以推导出，建筑的体形系数会随着高度的增加而减少，从这个角度来看，选择层数较高的板式住宅有利于降低能耗，这与模拟分析结论基本一致。

从单位面积总能耗变化幅度来看，6层和9层建筑能耗相当，11层和14层建筑能耗相当且明显低于6层和9层建筑，17层建筑的能耗明显上升为最高点，从20层开始建筑能耗明显下降并逐渐趋于平稳趋势，26层建筑的住宅能耗降为最低。住宅能耗与建筑层数的关系如图5-4所示。

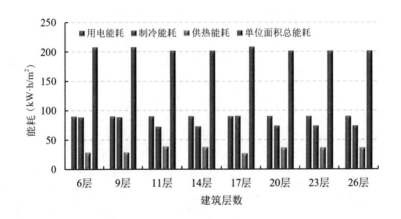

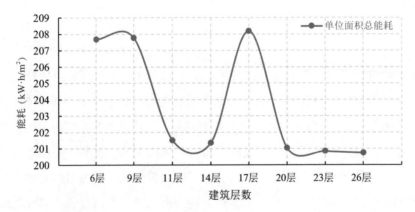

图5-4　不同建筑层数下每户住宅单位面积能耗对比

综合上述各种模拟分析可以看出，其结果与本书量化分析结果基本一致，通过比较模拟分析结果可以看出，改变住宅类型和朝向后，能耗的变化大于改变容积率和建筑密度后能耗的变化，这也证明，模拟分析与量化分析关于建成环境各要素对住宅能耗的影响程度结论一致。

就居住区开发强度而言，模拟结果显示，20 层及以上层数的建筑住宅能耗相对较低，且不同层数能耗变化较小，因此，居住区规划布局时，建筑宜控制在 20 ～ 26 层之间。以此来计算开发强度，宁波市居住区正南朝向的板式住宅建筑容积率宜控制在 2.6 ～ 2.8 之间，建筑密度宜控制在 17% ～ 21% 之间。宁波现有规范关于住宅面积、类型和建筑朝向并没有明确规定，关于开发强度的规定为，一般容量建设区，高层住宅建筑用地容积率应控制在 1.7 ～ 2.8 之间，建筑密度应控制在 22% ～ 32% 之间，可见现有规范对于降低住宅能耗并没有起到积极作用。

5.2　基于提高目的地可达性的土地混合利用引导

第 4 章量化分析结果显示，土地混合利用可以通过缩短居民出行距离，进而降低交通出行能耗。这种负相关影响，对开车等高能耗方式出行表现得最明显。因此，宁波市应从提高目的地可达性的角度出发，同时兼顾居民生活的宜居性，提出土地混合利用的规划引导措施。

目前，《宁波市城乡规划管理技术规定》只是提出了用地兼容性原则，以及适合混合建设的范围，并未就不同用地具体的混合比例和布局方式做出明确规定。笔者认为，由于城市不同区域承担的城市功能有所差别，在考虑土地混合利用时，各类用地比例应有所侧重；并且城市社区、街区和建筑不同层面，土地混合利用的表现形式也应当有所差异。因此，不同用地的混合比例和布局方式应具有针对性，不能按照统一标准引导实施。

5.2.1　社区层面土地混合利用引导

社区层面土地混合利用，主要针对《城市用地分类与规划建设用地标准》GB 20137—2011 中划分的中类用地，包括居住用地（R1/R2）、行政办公用地（A1）、教育设施用地（A3）、商业设施用地（B1/B2）等。首先，社区层面各类用地混合布局应满足功能用途互利、相互间无干扰且具有相似环境的要求；其次，社区层面的土地混合利用应有助于提高服务设施的可达性和促进职住平衡。统筹考虑这些因素，宁波市应在社区层面将居住、办公、商业、公共服务等用地有机结合在一起。

社区层面不同性质用地在空间上表现为水平方向上的混合，即社区内不同建筑物存在多种使用功能。一般水平方向上不同性质用地布局方式分为集中式和分散式两种，如图 5-5 所示。

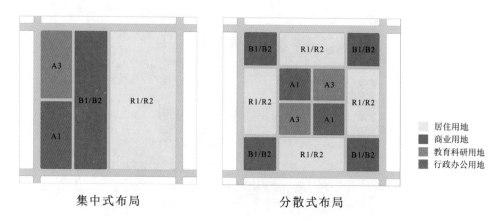

图 5-5　土地混合利用不同布局方式对比示意

　　通过对比可以看出，分散式布局通过将地块划分为更小的街区有利于促进土地的集约利用，各类用地联系更紧密也有利于提高服务设施的可达性。因此，宁波市社区层面土地混合利用布局方式应采用分散式。

　　就居住区而言，土地混合利用应该重点体现服务设施的可达性和职住平衡。第 4 章量化分析结果已证明，服务设施可达性对交通总出行、不同目的出行和不同方式出行能耗均呈显著负相关影响，与工作地点距离对交通总出行、通勤出行和不同方式出行具有显著正相关影响，且影响程度最高。

　　从用地布局方式来看，居住区至少应混合居住用地、行政办公用地、教育科研用地、医疗卫生用地和商业设施用地。考虑到应鼓励绿色出行，社区内服务设施应满足步行或者骑车可达，一般认为步行 5 分钟或者骑车 20 分钟是人们可以接受的出行距离[142-143]，所以宁波市小学服务半径宜控制在 400 ~ 500m 之间，中学服务半径宜控制在 800 ~ 1 000m 之间，社区卫生服务中心和中小型超市服务半径宜控制在 400 ~ 500m 之间。此外，基于鼓励公交出行，社区内办公、商业和教育功能的用地应布置在主干道两侧的公交站旁，便于公交车直达目的地，将这些功能用地沿主干道两侧布局，对于社区内外居民使用也都具有便利性。由于医疗卫生用地使用频率相对较低，同时考虑到服务半径的需要，该类用地宜布局在社区中心位置。居住区各类用地布局意向如图 5-6 所示。

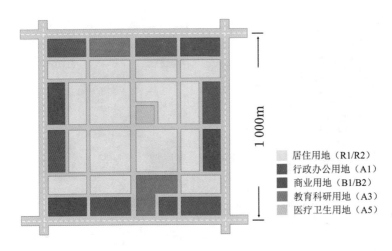

图 5-6 居住区土地混合利用布局意向

从各类用地所占比例来看，居住区在满足服务设施可达性的基础上，应重点加强居住用地与办公用地的混合，以此来促进职住平衡。居住用地与商业用地混合，一方面是为了满足居民日常生活需求，另一方面可以凭借商业用地带动居住社区活力，但从减少居民交通出行能耗的角度考虑，商业用地比例应低于办公用地。其他服务设施按照社区规模进行配建，其用地规模低于居住、办公和商业用地。居住区各用地构成比例建议见表 5-5。

表 5-5 居住区各用地构成比例建议

项目	居住用地	办公用地	商业用地	配套服务用地
用地占比	60%~70%	15%~20%	10%~15%	5%~10%

就商业区而言，其主要功能是提供商业和商务设施，土地混合利用应该实现不同功能的相互补充以及产生复合效应，整体上带动地块及周边区域的经济活力。商业区的主要功能是商业活动，按照业种划分为零售、餐饮、酒店、金融贸易、休息娱乐等，补充功能主要包括居住和办公。

从用地布局方式来看，商业区至少应混合商业设施用地、商务设施用地、娱乐康体设施用地、行政办公用地和居住用地。商业设施和娱乐康体设施人流量大，需要比较方便的交通满足人流车流的集散，以避免对其他功能造成干扰，因此这两类用地应布置在道路两侧以及可达性较高的地段。行政办公用地同样需要考虑出入的便捷性以及公交的可达性，也适合布置在干道两侧。而居住和商务设施用地对环境要求较高，需要私密安静的空间，因此这两类用地不宜紧邻主干道布置，适合布局在商业区内部。此外，考虑到商业零售、餐饮、休息娱乐功能对居住功能影响较大，而这些功能与商务设施具有较强的互补性，因此，可以将商务设施用地布置在居住和商业设施用地之间，用以缓解沿街商业对居住环境的干扰。商业区各类用地布局意向如图 5-7 所示。

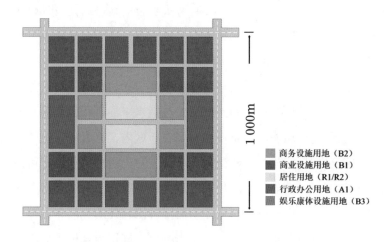

图 5-7　商业区土地混合利用布局意向

从各类用地所占比例来看，商业区不像居住区有配套服务设施的强制性要求，其各类用地构成比例更多的是受市场和政府调控因素的影响，因此没有明显的规律可循。但笔者认为，考虑到商业区的主要功能，商业设施用地所包含的零售、餐饮、酒店等设施应是商业用地的重要组成部分，因此其在商业区中应占有最高比例。商务设施本身具有功能多样的特点，用地内包含的金融保险、贸易、咨询等服务设施更容易受聚集效应和规模效应的影响，其比例应低于商业设施用地，而高于其他用地且宜采用集中式布局。而娱乐康体、居住和办公作为社区的补充功能，用地占比最低。商业区各用地构成比例建议见表 5-6。

表 5-6　商业区各用地构成比例建议

项目	商业用地	商务用地	娱乐康体用地	居住用地	办公用地
用地占比	40% ~ 60%	20% ~ 40%	5% ~ 10%	5% ~ 10%	5% ~ 10%

5.2.2　街区层面土地混合利用引导

街区层面土地混合利用，主要针对《城市用地分类与规划建设用地标准》GB 50137—2011 中划分的小类用地，居住类街区主要包括住宅（R21）、托幼、商业和卫生服务等用地（R22），商业类街区主要包括零售（B11）、餐饮（B13）、酒店公寓（B14）等用地。与社区层面不同，考虑到目的地可达性、街区活力等因素，不同性质用地在空间上既要实现水平方向上的混合，又要考虑垂直方向的混合，即同一栋建筑内不同功能的混合。

就居住街区而言，主要是居住与商业、居住与托幼、居住与卫生服务用地的混合。一般居住与商业功能混合的空间形式包括水平混合和垂直混合两种。水平混合为具有居住和商业功能的建筑单独布局在街区内，垂直混合则是将具有商业功能的建筑以裙房的形式与住宅建筑融于一体。对比两种空间形式可以看出，垂直混合不仅有利于街区内外居民使用商业设施，也有利于营造丰富多样的街道空间，激发街区活力，是实现居住与商业功能混合比较好的空间布局形式。而居住与托幼、居住与卫生服务用地的混合，由于配套设施用地规模等原因，在空间形式上应实现水平混合。

从各种功能区所占比例来看，《城市居住区规划设计标准》GB 50180—2018 规定了居住类街区托幼和卫生服务设施的规模，但是对商业设施所占比例并未做出明确的规定。笔者认为，从目的地可达性和生态宜居的视角下，居住与商业功能的混合应突出居民购物的便利性，以及街道空间的围合性，通过连续的街道空间可以创造出丰富的街区风貌，以此吸引居民以绿色方式出行。以 3hm^2 的居住街区为例，当住宅建筑容积率为 1.65 时，在街区东西向街道布置一层底商，此时街区建筑密度为 23.7%，商业功能与居住功能混合比例约为 11：89，即在居住用地混合 11% 的商业建筑，如图 5-8 方案一所示。

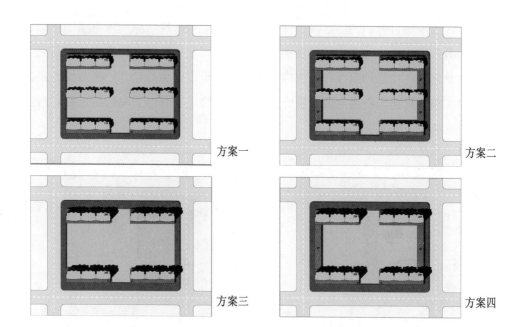

图 5-8 居住类街区居住功能与商业功能混合效果对比示意

在此基础上，如果继续在街区南北向街道增设沿街两层的商业建筑，此时街区建筑密度为 28.3%，商业功能与居住功能混合比例约为 16 : 84。如图 5-8 方案二所示。通过比较两个方案可以看出，后者商业设施可达性更强，且能够形成连续的沿街墙体，街道空间的围合性和界定效果较好，因此更容易创造出丰富且具有吸引力的街道空间。同样的居住街区，当住宅建筑容积率为 2.6 时，在街区东西向街道布置一层底商，此时街区建筑密度为 18.7%，商业功能与居住功能混合比例约为 7 : 93。如图 5-8 方案三所示。在此基础上，如果继续在街区南北向街道增设沿街两层的商业建筑，此时街区建筑密度为 23.5%，商业功能与居住功能混合比例约为 10 : 90。如图 5-8 方案四所示。通过比较两个方案，同样可得后者的混合方式相对较好。因此，当居住类街区容积率为 1.7 左右时，建议在居住用地沿街混合不大于 16% 的商业建筑，当容积率为 2.8 左右时，建议在居住用地沿街混合不大于 10% 的商业建筑。

就商业街区而言，主要是商业与居住功能的混合。考虑到商业街区多位于城市核心区，土地价格较高、区位条件较优越，商业与居住功能应该通过垂直混合的空间形式来提高土地的集约利用率。为了促进商业街区的交通疏散能力和吸引力，商业与居住功能的混合布局方式有两种方案可以作为参考。一种是将商业建筑布置在街区周边，在商业建筑围合的院落中间增设具有办公和居住功能的高层建筑，如图 5-9 方案一所示。

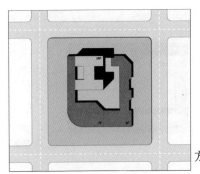 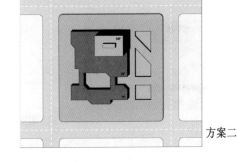

方案一　　　　　　　　　　　　　　　　　　　　方案二

图 5-9　商业类街区商业功能与居住功能混合效果对比示意

　　这种布局方式既可以在街区内四周的沿街道路形成连续的街墙，便于零售商业的发展与交通流量的疏散，又可以为办公和居住功能围合出相对私密的院落，营造出舒适的内部环境。另一种是将商业建筑在街区内集中布局，并在商业建筑一角以底商上住的形式增设具有办公与居住功能的高层建筑，街区内可以留出一部分开敞空间，如图 5-9 方案二所示。这种布局方式所形成的沿街墙体虽然弱化了街区空间的界定，但商业建筑旁边留出的开敞空间可以作为居民聚集和交流的公共场所，对于提升街区吸引力具有积极作用。

　　从商业和居住功能所占比例来看，商业街区的营建除了要满足商务人士居住、办公和消费需求，提高其日常出行的可达性之外，还应使商业街区保持活力和人气，避免出现夜晚空城现象，因此，混合的居住功能不可过低。同时，商业街区的商住比还会受到外部经济发展状况以及个人收入等因素的影响[144]，所以在考虑各功能占比时应给予充足的弹性。综上所述，笔者建议宁波市商业类街区应在商业用地中混合 20% ~ 40% 具有居住功能的建筑空间。

5.2.3　建筑层面功能混合引导

建筑层面功能混合利用主要针对的是多功能的建筑综合体。一般城市建筑综合体集商业、办公、公寓、酒店、会展、交通等功能于一身，但与居民生活密切相关，且能较好地组合在一起的主要是商业（零售、餐饮、娱乐等）、办公、公寓、酒店四大基本功能。因此，从提高土地利用率和目的地可达性的角度看，未来宁波市建筑综合体开发应至少包括以上四种功能。

建筑综合体的各功能在空间上表现为垂直方向上的混合。以独栋式城市建筑综合体为例，通常商业是建筑综合体的核心功能，包括零售、餐饮、娱乐等消费型空间。由于商业功能物流量最大，使用频率最高，公共开放性最强，因此，在综合体中应布置在底层部分或地下一层，以便人流的疏散。办公是建筑综合体的主要功能，可以为综合体提供长期固定的人群，综合体中办公部分还可提供大量可租可售的建筑面积，对于降低开发风险具有积极作用。考虑到办公区域人流相对集中，且需要避免外界过多干扰，可以将其布置在综合体中部。此外，办公空间的公共开放性较弱，在综合体中最好与商业功能交通线路相分离。公寓是商业综合体的配套功能，它同样可以保证综合体具有相对固定的人群，将公寓和办公、商业等功能混合在一起也可以减少居民日常生活的交通出行量。公寓对私密性要求最高，而且应该避免外界的噪声干扰，在综合体中适宜设置在建筑顶部。酒店是商业综合体不可或缺的辅助功能，可以为客人提供临时的居住场所，延长了人们在综合体的停留时间，具有催化商业功能的作用。与公寓类似，酒店对私密性和降噪的要求也相对较高。但与公寓不同的是，酒店与其他功能联系相对更紧密，因此可以将其设置在综合体上部办公与居住功能之间，如图 5-10 所示。

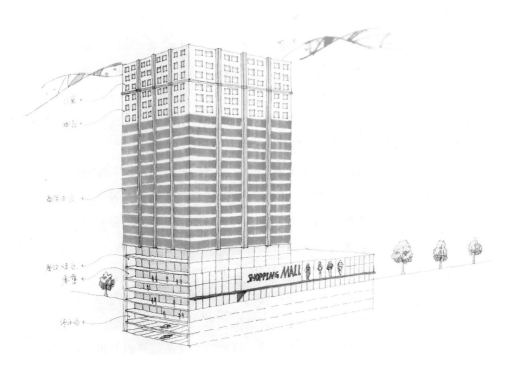

图 5-10　建筑综合体空间布局意向

　　建筑综合体的功能配比与所在区位、经济发展水平、市场环境等密切相关。同一个地区的建筑综合体在经济和市场环境相同的情况下，影响其功能配比的主要因素是区位条件。城市核心区土地价高稀缺、公共活动集中、人流量大且不固定，该区域往往能体现城市经济发展水平和城市形象，因此，建筑综合体各功能组合应具有较高的服务性，同时还应重点考虑投入产出比。从这个角度来看，商业、办公和酒店应成为其主要功能组合。城市副中心的特征是经济流和新兴第三产业高度聚集、人流量大且相对固定，该区域与核心区功能形成互补，因此，建筑综合体各功能组合应侧重职住平衡，从这个角度来看，商业、办公和公寓应成为其主要功能组合。而城市新区作为缓解城市问题开发的片区，是老城区的空间延伸，土地资源充足，用地布局灵活度高，建筑综合体的开发潜力最大，各功能组合应最大限度发挥土地混合利用的价值，因此商业、办公、公寓和酒店应成为其主要功能组合。不同区位建筑综合体主要功能配比建议见表5-7。

表 5-7　建筑综合体主要功能配比建议

地区	商业功能	办公功能	酒店功能	公寓功能
城市核心区	20% ~ 30%	50% ~ 60%	10% ~ 20%	5% ~ 10%
城市副中心	30% ~ 40%	40% ~ 50%	5% ~ 10%	10% ~ 20%
城市新区	30% ~ 40%	40% ~ 50%	10% ~ 20%	10% ~ 20%

无论在哪种区位，建筑综合体中的办公功能凭借其具有固定的客户群体，可以带动其他相关功能的发展，占比应高于其他功能。商业作为综合体的核心功能，可以有效激发综合体本身及周边区域的经济活力，占比应居于办公功能之后。而公寓和酒店作为建筑综合体的配套和辅助功能占比相对较低。

此外，关于建筑综合体的商业功能，零售是其最重要的部分，餐饮和娱乐功能一方面辅助其他功能而存在，另一方面可以与其他功能实现不同时间的混合，扩大了综合体的利用效率。就各部分所占比例而言，笔者建议，宁波市建筑综合体零售功能应占比最大，餐饮和娱乐其次且占比相当。

5.3 基于促进低碳方式出行的道路设计引导

本书第 5 章量化分析结果显示，道路交叉口密度对交通总出行和通勤出行能耗呈显著负相关影响，但其对高能耗方式出行能耗呈显著正相关影响。由于道路交叉口密度在一定程度上反映了城市路网密度，因此，宁波市在提高路网密度的同时，还应该减少开车等高能耗方式出行的拥堵，保障路网运行通畅。在进行道路设计时，应该围绕促进低碳方式出行考虑路网密度，从提高道路通行能力角度设计主干道交叉口，从减少道路拥堵角度促进居住区交通微循环发展。

5.3.1 确定适宜的路网密度

综合比较方格网式、放射式、自由式和混合式路网的特征，笔者认为，宁波市社区层面宜采用方格网式路网，通过提高路网密度，划分出功能多样的小街区。以边长为 1 km、面积为 1 km² 的地块为例，按照传统的规划模式[145]，主干道、次干道和支路的红线宽度分别为 50 m、30 m 和 20 m。如果路网只有主干道，则街区边长为 950 m，此时路网密度为 2 km /km²；如果路网由主干道和次干道均匀分布构成，则街区边长缩小为 460 m，此时路网密度为 4km /km²，如果路网均匀加入支路，则街区边长变为 215 m，此时街区面积约为 4.6 hm²，路网密度为 8 km /km²，道路交叉口密度为 25 个 /km²，如图 5-11 所示。

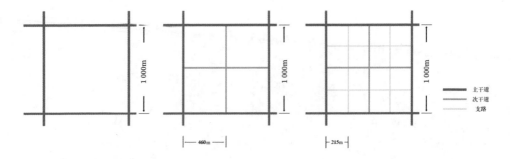

图 5-11 路网密度与街区尺度示意

可见，当路网密度小于 8 km /km^2 时，地块内路网密度相对不足。目前宁波市总体规划对于中心城区确定的路网密度为 6.5 ~ 7.5 km /km^2，该数值相对偏低，原因是总体规划中确定的主干道和次干道密度相对较低，而关于道路交叉口的密度，宁波市目前还没有相关规定。

实际生活中影响路网密度的因素有很多，包括交通需求、开发模式、人为习惯、地貌条件等。就交通需求而言，当路网密度尤其是主干道密度较低时，车流量增加必然会导致交通拥堵，此时增加城市路网密度不仅可以创造出更多的街区空间，更能有效疏散车辆到新增道路，有效缓解道路拥堵问题。就开发模式而言，不同功能和规模的社区对路网密度要求有所差异，一般城市核心区路网密度大于郊区，商业区路网密度大于居住区，这与其自身特点密切相关。就人为习惯而言，路网密度应服务于人们的舒适出行。阿塔什（Atash）[142] 的研究认为 5 分钟或者 400m 的出行是美国人可以接受的步行距离。尤因（Ewing）[79] 则认为，步行出行可以接受的距离为 170m，景观设计常将 220m 作为适宜的步行出行距离。潘海啸[146] 和蔡军[147] 的研究发现，200m 的街区尺度适宜步行出行。但笔者认为，不同区域的路网密度应根据引导居民采用何种出行方式来合理划定。影响路网密度的另一个因素是地形地貌，一般平原城市路网密度容易按照人们的规划意图实施，地形地貌干扰因素较少，而山地城市的路网规划则会受到多种外界因素干扰，路网密度应结合周围环境来确定。因此，不同区域、不同功能的地块，路网密度、道路间距和道路宽度应该有所差异，不能按统一标准规划建设。

街区尺度和道路宽度决定了路网密度，确定合理的街区尺度和道路宽度是分析路网密度的必要前提。与道路宽度相比，街区尺度的确定不仅要以满足人的使用需求为出发点，还要考虑内部建筑布局等要求。

对于处在中心城区的居住区而言，其主要任务是创建适宜的居住环境，采用密路网、小街区的规划模式，可以促进居民出行时的交通疏散，便于公交站点深入到街区内部，方便居民乘坐公交出行，有利于公共服务设施灵活布局，可以引导居民步行抵达目的地。由于居住区土地价格往往低于商业区，因此，不必过分强调地块的均好性，应充分考虑到内部的住宅建筑和服务设施的布局。与商业区相比，居住区道路应采用东西街区尺度大于南北街区的长方形网格形式，这样更有利于住宅建筑按照朝南方向布局。由于南北向道路间距大于东西向道路，从满足交通流量的角度看，可以增加南北向道路的车道数，通过不同的道路宽度来平衡不同方向的车流量。为了促进低碳方式出行，笔者认为，居住街区的尺度应与公交站服务半径相适应，因为本书第 3 章双变量相关性分析结果显示，公交站邻近度与交通出行能耗呈显著负相关（详见表 4-19），由此可以推测，当人们到达公交站点比较方便时，更倾向选择公交这种低能耗方式出行。理想状态下假设以公交站点为圆心，以 300m 服务半径为居住街区内最远点至公交站的距离，可以算出街区最大边长为 200m，如图 5-12 所示。

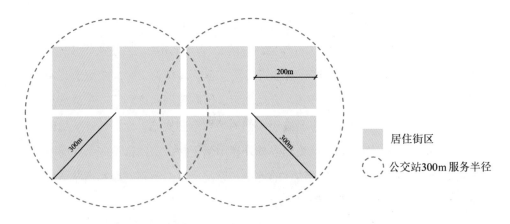

图 5-12 公交站 300m 服务半径全覆盖下街区尺寸示意

因此，长方形街区最大边长可确定为 200m，短边按 150m 计算的话，以 1 km² 的地块为例，在主干道、次干道和支路的红线宽度分别为 50 m、30 m 和 20 m 的情况下，道路均匀分布如图 5-13 所示。此时每块街区面积约为 3 hm²，路网密度约为 10 km /km²，其中主干道密度为 2 km /km²，次干道密度为 3km /km²，支路密度为 5 km /km²，道路交叉口密度约为 35 个 /km²。

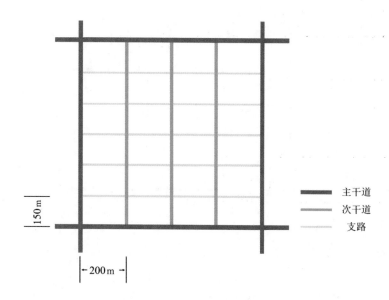

图 5-13　居住区路网密度示意

　　对于处在中心城区的商业区而言，其具有土地价格昂贵的特点，采用密路网、小街区的规划模式，不仅有利于加强街区内土地的集约利用，街区之间也容易形成土地的混合利用。此外，商业区人流和车流量大，在保障车流通行顺畅的同时，减少行人过街距离是路网设计的关键。街道宽度过大不仅会割裂商业空间，降低商业活力，还会对行人过街造成困难。借鉴国内外优秀案例可以发现[148-149]，将道路宽度控制在 20m 左右，居民过街相对舒适。考虑到车流通畅的问题，研究建议，在核心商业区可以引入两条平行反向行驶的单行道，这样既可以提高机动车通行效率，也可以减少在左转车辆交叉口产生的干扰。商业区内的建筑多为大型高层公建，一般街区面积在 1hm² 左右完全可以容纳建设大型建筑的需求，但是考虑到建筑退线、室外空间营造以及发展预留弹性等因素，本研究建议，街区尺度可以控制在 150m 左右。

　　同样以 1 km² 的地块为例，在主干道、次干道和支路的红线宽度分别为 50 m、30 m 和 20 m 的情况下，道路均匀分布如图 5-14 所示。此时街区尺度控制在 130 ~ 165m 之间，路网密度为 10 ~ 12 km /km²，其中主干道密度为 2 km / km²，次干道密度为 2 km /km²，支路密度为 6 ~ 8 km /km²，道路交叉口密度在 36 ~ 49 个 /km² 之间。

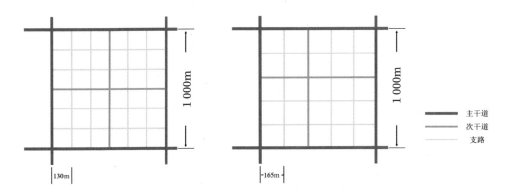

图 5-14　商业类社区路网密度示意

5.3.2　提升道路通行能力

第 4 章量化分析结果显示，道路交叉口密度对高能耗方式出行呈显著正相关影响，由此可以推测，交叉口密度增加导致机动车在路段内发生了拥堵，车辆怠速状态延长导致能源消耗增多。因此，优化道路交叉口使其通行能力更强，改善道路通行条件使路段内拥堵现象减少，是降低交通出行能耗的关键。

提高道路交叉口的通行能力主要是对交叉口进行渠化处理，包括交叉口展宽、设置左转或右转专用车道等。需要注意的是，道路交叉口展宽虽然可以提高机动车的通行能力、减少交通拥堵发生的概率，但随之也会增加行人的过街距离。由于交叉口的设计需要同时兼顾机动车、非机动车和行人的过街需求，所以路口并非越大越好。基于对现状的分析得知，交叉口密度增加主要是对机动车出行产生影响，而机动车使用频率最大的道路为主干道，因此笔者认为，应对宁波市主干道的交叉口进行展宽处理，次干道和支路的交叉口宽度可维持现状。

道路交叉口展宽需要确定拓宽车道宽度、设计渐变段长度和展宽段长度。对于新建道路和用地充足的区域，可以采用双侧展宽的方式优化道路交叉口，在进口道和出口道各拓宽一条车道，依据《城市道路交叉口设计规程》CJJ 152—2010，拓宽车道的宽度宜控制在 3.25m。关于渐变段长度，宁波市设计导则对主干道交叉口展宽渐变段长度并未做出明确规定。虽然《公路路线设计规范》JTG D20—2006 规定的渐变段长度为 40m，该数值是按照主干道设计车速的 70%，行驶 3

秒变换一条车道所产生的距离确定的，但笔者认为，从保证车辆快速通行的角度来看，不应按照车速的 70% 来设计，而应按设计车速上限规划渐变段长度。此外，车辆在变换车道行驶中会产生横向加速度，统筹考虑以上因素，主干道设计车速为 60km/h 时，渐变段长度应控制在 60m。展宽段长度的确定应保证直行等待车辆不会干扰左转和右转车辆通行。基于对现状的调研得知，宁波市出行高峰时段，主干道交叉口等待红灯的直线车辆约在 10 ~ 15 辆之间，按每辆车身加间距为 6m 计算，进口道展宽段长度应控制在 60 ~ 90m 之间，而《宁波市城乡规划管理技术规定》确定的进口道展宽长度为 40 ~ 70m，可见该值相对较低。考虑到进口道的任务是满足交通需求，而出口道的任务是满足交通供给，因此，进口道展宽段长度应大于出口道展宽段长度。一般进口道展宽段长度是出口道的 1.5 倍，按此计算，出口道展宽段长度应控制在 40 ~ 60m 之间，而宁波市目前规定的出口道展宽长度为 30 ~ 60m，下限值相对较低。对于用地紧张且已建成的交叉口优化可以采用单侧展宽的方式。与满足交通流量供给相比，满足交通流量需求对于治理交叉口拥堵更重要，因此，单侧展宽可以通过在主干道内部偏移道路中线的方式，拓宽进口道同时压缩出口道。进口道拓宽只能借用一条车道，展宽段长度和渐变段长度与双侧展宽的标准相同。

此外，提高道路交叉口的通行能力，还应该在渐变段和交叉口的路面画出相应车道的导向车道线，用以引导驾驶人员驶入相应车道，提前提醒车流行驶方向可以有效避免在交叉口处产生的交通紊乱。将人行横道前移，可以缩短车辆通过交叉口的距离，提高车辆通行效率。考虑到交叉口展宽后对行人过街造成的不便，可以配合人行横道设置安全岛。一般人均空间为 0.6 m² 是行人排队等待舒适空间的下限，从现状调研情况来看，每次在主干道一侧等待过街的行人为 10 人左右，故安全岛面积宜控制在 6 m²。同时，为了减少右转车辆与行人过街产生相互干扰，在右转车流量较大的路口可以在距交叉口 80 m 处设置行人过街天桥，将人流与车流分离，如图 5-15 所示。

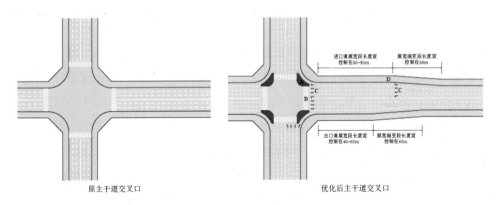

原主干道交叉口　　　　　　　　　　　优化后主干道交叉口

图5-15　道路交叉口优化示意

　　图中A处应设置面积为$6m^2$的安全岛，B处将原来人行横道前移，C处在地面标识导向车道线，D处可根据右转车流量情况设置人行过街天桥。除此之外，合理的交通信号灯管控也是提升道路交叉口通行能力的关键。一方面应该在出行高峰期、平峰期和夜间分别设置相应的定时控制方案，避免左转和直行的绿灯同时开放。另一方面，当车流量较小时，信号灯可采用感应装置自动控制路口车流运行，例如，在交叉口无车辆的情况下，南北向为红灯，当南北向有车辆经过时，信号灯可根据感应装置自动将红灯切换为绿灯，提高路口通行效率。

　　要减少路段内交通拥堵，应重点针对道路两侧易产生拥堵的区域进行合理规划，基于对现状的调研发现，道路两侧容易发生拥堵的区域为小学和医院周边，而大型商场由于具有完善的停车设施，调研中并没有发现其周边有严重拥堵现象。就小学而言，拥堵集中在工作日上学前30分钟和放学时前后40分钟，由于学校周边存在非机动车随处乱放、临时摆摊点占道和随意占用道路停车等行为，使得静态交通拥堵导致了动态交通拥堵。以宁波市海曙中心小学为例，学校南门紧邻城市主干道，东门距交叉口较近，上下学时段家长接送孩子带来人流的大量拥挤。针对家长接送孩子交通工具乱停放的问题，笔者建议，在学校周边统一划定临时停放区，供学生家长专用，其他车辆禁止停放。同时，可以充分利用操场的地下空间修建地下停车库，白天可解决学校教师的停车问题，夜晚可解决周边居民的停车问题。此外，放学时家长等待区应移至北门附近，避开主干道和道路交叉口，根据年级的不同将家长分散到不同地方，从而避免拥堵的产生。

就医院而言，一般拥堵集中在每天 8 ~ 10 点和 17 ~ 19 点之间，产生的原因包括临时停车占道、医院内部停车设施不足、交通指示信息缺失。以宁波市医疗中心为例，医院南门紧邻城市主干道，东侧有三个门口且间距较小，患者车辆、出租车辆和公交车经常同时停在东门外，导致彩虹南路成为交通拥堵的高频路段。因此本研究建议，将医院南门改为工作人员上下班专用出入口，东侧三个门口由北向南依次设置成机动车入口、非机动车和行人出入口、机动车出口，可以尽早分流路段内车辆，避免交通流线的冲突。在医院外围彩虹南路段取缔路侧停车位，全路段禁止临时停车。利用医院空地和地下空间增建停车设施，并且在医院门口和周围干道上设置交通引导牌，提示过往车辆周边停车场分布位置以及剩余车位数。

5.3.3　促进居住社区交通微循环发展

居住社区作为城市的重要组成部分，其内部交通状况对城市交通流畅运行具有重要的影响。居住社区道路不仅是连接社区内外的纽带，更是居民日常生活的重要载体，将原有封闭社区改为开放式社区，提高社区内支路及以下级别道路的利用效率，加强社区内交通路网建设，对于疏导城市交通拥挤和引导居民低碳出行具有重要的作用。宁波市居住社区内的交通方式主要包括车行和步行两大类，其中车行交通包括动态交通和静态交通。

动态交通应保障出行的通畅。首先，应完善居住社区内路网系统，打通断头路，将各条尽端路纳入路网体系。调研时发现，高塘社区内断头路现象严重，居住小区内道路与外界没有有机结合在一起，通过疏通小区内部道路，并与外部路网形成系统，不仅可以有效提高小区内道路的利用效率，还可以提升各类出行方式的连续性。其次，依据小区类型的不同确定差异化交通组织方式。对于早期建成的小区，由于没有过多考虑私家车数量的增长等问题，可以继续沿用人车混行的交通组织模式，但此类小区应该在主要道路上增设缓冲带，使车速控制在 25 km/h

以下，减小对行人出行的安全威胁。对于新建小区，则建议采用人车分流的交通组织模式，车辆驶入小区即转入地下空间，地面不再保留车行道和停车位。最后，应加强小区出入口设计，保障机动车进出小区的通过性。在支路或者次干道上设置出入口时，应保证其与道路交叉口的距离大于50m，避免与交叉口车辆相互干扰。出入口宽度应控制在8～10m之间，并且应将出口和入口分开，避免出入混行造成拥堵。出入口接入道路的长度按同时有四辆车计算则不应小于24m，若接入道路长度不足会导致车辆在出入口处运行混乱，严重干扰小区外部交通秩序。此外，出入口周围不应有障碍物遮挡视线，出入口外的城市道路可以设置交通引导设施。如图5-16所示。

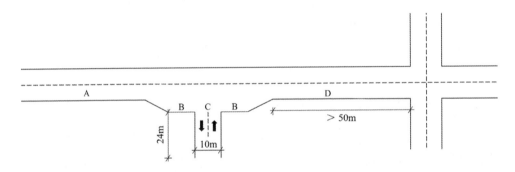

图5-16　小区出入口设计示意

图中A处应设置交通安全标志设施，如减速慢行标志、减速缓冲带等；图中B处应保持视线的开阔，禁止停车以免增加视觉障；图中C处应设置隔离带将出口和入口分离；图中D处可设置公交站点，公交站应设置在小区出入口右侧而非左侧，这样能避免公交车停靠对驶出车辆的视线干扰，公交站点与小区出入口距离应大于20m。以江南春晓小区为例，在出行高峰期位于小区北面出入口的左侧经常发生交通拥堵现象。从产生的原因来看，该小区应该进一步完善出入口左侧的道路安全标示和导向车道线，提醒过往车辆与小区出入车辆避让，小区出入口外面左侧应清除临时商铺，保障驾驶员的视野开阔度，出入口接入道路的长度应由18m增加到24m。

　　静态交通应减少停车造成的拥堵。早期建成的小区由于对停车问题考虑不充分，导致地面停车位严重不足，调研中经常可以发现私家车在小区内"见缝插针"，有些车辆甚至侵占了公共绿地和活动空间。对于这些小区的情况，可以在现有停车位修建立体停车架，既可以增加单位面积内的停车数量，又可以有效治理路边停车现象，以保证小区内车行道的通畅。此外，针对早期建成小区停车位不足的问题，还可以通过共享停车设施的方式解决。宁波市早期建成小区多位于城市中心区域，小区周边公共服务设施较多，例如国医小区等，公共服务设施的停车位白天使用频率较高，但在夜晚会大面积空置。因此，可以尝试错峰使用的办法提高公共停车位的利用效率，即白天满足公共设施的停车要求，晚上满足居民的停车需求。对于新建小区，则建议采用地下停车的办法解决停车问题，这样既可以节省路面空间，又可以为非机动车和步行出行创造安全舒适的环境。

　　此外，基于对现状调研的数据还发现，宁波市区内自行车出行比例在大幅下降，且步行出行环境整体较差，居民步行出行频率低于其他交通出行方式。因此，有必要进一步完善自行车和步行等零能耗方式的出行空间，以此来吸引更多的零能耗方式出行。在小区内部应突出慢行空间的安全性。慢行道路宽度应控制在 4m 左右，与机动车道并行铺设时可以用不同材质、颜色、高差等方式加以区分，小区内如遇到交叉口时，可以通过增加汽车减速装置、喷绘斑马线等方式降低机动车对行人的威胁。在小区外部应突出慢行空间的趣味性。慢行空间应体现出独特风貌，同一街道内部设施、地面铺装、两侧建筑等元素需设计成统一的风格，并且依据街道所在区位的功能定位不同，打造出传统风貌、现代风格等不同类型的慢行街区。同时，还应注重街道与沿街建筑的互动，丰富居民的步行体验，沿街建筑可以采用挑檐、骑楼、架空等形式与街道有机结合，这样既可以为行人提供遮阳避雨的空间，通过商店的装饰和商品展示窗口又可以活跃街道界面，对于商业开发和降低出行能耗均有益处。此外，慢行空间应具备社会交往功能，街道除了承载慢行出行的功能外，还应为居民驻足停留和社会交往提供空间，街道两侧可根据适宜步行出行距离设置开敞空间，例如，每隔 200m 设置一处小型广场，广场内部设置景观雕塑、座椅，既可以为居民停留歇脚提供方便，又可以为人们交流、集会提供空间。

第6章　结论

　　城镇化的高速发展导致能源消耗不断增加。本书通过搭建理论架构，构建居民生活能耗分析模型，建立建成环境评价指标体系，以宁波市为例，基于 9 个社区样本、598 个住宅样本和 22 112 个交通出行样本，揭示了建成环境对生活能耗的影响机理，并提出了有利于降低生活能耗的建成环境规划引导措施。研究结论主要包括以下四点。

　　结论一：建成环境与生活能耗关系研究，必须凭借科学的理论工具，遵循研究发展态势，搭建以时间地理学、计量经济学和城市生态学为理论基础，以居民时空间行为为分析视角，以科学的变量选取、数据获取和分析方法为研究依据，以量化分析推导规划响应为研究程序的研究基础平台。

　　探讨建成环境对生活能耗的影响途径、方向和程度，以及有利于降低生活能耗的建成环境优化措施，必须在把握并遵循研究发展态势和现实应用要求的基础上，确立理论基础、明确分析视角、明晰研究依据和确定研究程序。首先，通过探寻相关理论发现，时间地理学理论强调将时间和空间相结合，分析居民在时空间内连续的生活行为，关注能够对居民生活行为产生制约的客观和主观因素，侧重分析居民生活行为与城市空间结构的关系。基于该理论，附加生活行为诱发生活能耗的衍生关系，为本研究搭建起逻辑严密的理论架构。计量经济学理论强调基于观察经济活动，运用统计分析工具，通过构建分析模型，得出不同经济变量之间的量化关系。在理论架构基础上，依托计量经济学理论，为本研究构建起城市建成环境对居民生活能耗影响分析模型。理论架构和分析模型的确立，为系统揭示建成环境各要素对生活能耗的影响机理奠定了理论基础。此外，城市生态学强调以可持续发展为原则，根据生态学原理和系统论方法探讨城市内部结构与功能、生态调节机制，引导人类活动与城市环境协调发展。在探讨建成环境的规划引导措施时，借助城市生态学理论，汲取可持续发展原则和系统论方法，提出建成环境各要素的优化建议。

其次，由于建成环境和生活能耗是通过居民的用能行为联系在一起的，因此，研究建成环境对生活能耗的影响，应该以时空间行为为分析视角，这样不仅可以将建成环境和生活能耗有机结合在一起，更能有效避免建成环境和生活能耗概念界定不清晰、生活能耗影响因素选取不严谨等问题，支持本研究对建成环境和生活能耗两个关键内容的精准识别。此外，由于变量选取的科学性和数据获取的真实性，是利用分析模型得出合理结果的关键，因此，变量的选取应该在居民时空间行为视角下展开，囊括各种影响用能行为的客观和主观制约因素。数据的获取应该采用入户调研和指标测度的方法，以此得到来源可靠、真实客观的研究数据。通过梳理建成环境对生活能耗影响的分析方法发现，比较分析、统计分析与模拟分析每种方法均有其利弊和适用性，因此，系统揭示建成环境对生活能耗的影响，应将这三种方法有机结合，根据不同的研究内容，选择合适的分析方法。

最后，由时间地理学的特征得知，该理论强调分析结果在城市规划建设中的应用。因此，探讨建成环境对生活能耗的影响，应该在量化分析结果的基础上推导建成环境的规划响应，按照"从实证分析到提出优化策略"的步骤，系统分析有利于降低生活能耗的建成环境各要素规划引导措施。由此搭建起城市建成环境对生活能耗影响研究的理论化研究程序与应用。

结论二：就宁波市而言，建筑密度、容积率、建筑朝向、住宅类型和住宅面积能够对住宅能耗产生不同程度的影响，但建筑高度、住宅是否有树荫遮挡和是否临近水系对能耗影响并不显著。从建成环境对住宅能耗影响的特征来看，开发强度较大的单元式住宅能耗更容易受到室外热岛效应、太阳辐射等微环境的影响，随着住宅围护结构节能效果的提升，体形系数对能耗的影响不再显著，住宅面积只有增加到一定程度之后，其对能耗的影响才会显著。

现有研究关于建成环境对住宅能耗影响的结论具有模糊性和争议性，并且研究大多局限于欧美城市，主要关注的是低密度的单户独立住宅，然而高强度开发的单元式住宅是我国居住区的主流形式，国外研究结果是否适用于我国城市有待进一步探究。鉴于此，本研究针对宁波市，按照由一般到特殊的思路，分别构建了总体住宅、不同类型住宅和不同时期建成住宅能耗分析模型，试图从多个维度揭示建成环境对住宅能耗的影响。基于各模型的分析结果发现，建筑密度、容积率、建筑朝向、住宅类型和住宅面积五个变量，在不同层面可以改变住宅室内外微环境，进而通过居民的用能行为对住宅能耗产生不同程度的影响。与国外研究结果相比，宁波市住宅是否有树荫遮挡和是否临近水系对能耗影响并不显著。

　　建筑密度和容积率对住宅能耗的影响，主要与热岛效应和自然通风等微环境有关，但其会因气候条件不同存在差异，对于夏热冬冷地区的宁波市而言，整体上建筑密度对住宅能耗呈显著正相关影响，容积率呈显著负相关影响。若分别以不同类型和不同时期建成的住宅为基础建模，研究发现，建筑密度和容积率对单元式住宅和后期建成住宅（2003 年之后建成的住宅）能耗的影响显著，而对别墅类住宅和早期建成住宅能耗无显著影响，当建筑面积所占比增加 1% 时，单元式住宅和后期建成住宅用电量分别增加约 0.194% 和 0.279%，当容积率增加 1% 时，单元式住宅和后期建成住宅用电量分别减少约 0.195% 和 0.376%。建筑朝向对住宅能耗的影响主要与太阳辐射和自然通风等微环境有关，总体上看，建筑朝向对住宅能耗呈显著负相关影响，即住宅所在的建筑主立面越趋向正南方向布局，居民的用电量越低。若分别以不同类型和不同时期建成的住宅为基础建模，研究发现，建筑朝向仅对单元式住宅和后期建成住宅能耗的负相关影响显著，这与建筑密度和容积率对住宅能耗的影响趋势相似；当建筑角度增加 1% 时，单元式住宅和后期建成住宅用电量分别减少约 0.492% 和 0.602%；住宅类型对能耗的影响主要与体形系数有关，总体上看，体形系数越小越有利于节能。当以不同时期建成的住宅为基础建模，可以看出，住宅类型仅对早期建成住宅能耗有显著负相关影响，而对后期建成住宅无显著影响。早期建成住宅中别墅类住宅用电量比单元式住宅高约 83.8%，与早期建成住宅相比，后期建成住宅围护结构节能效果相对较好。因此可以推断，当住宅围护结构节能效果提升后，体形系数对能耗的影响不再显著。本研究住宅面积仅对后期建成住宅有显著影响：当住宅面积增加 1% 时，家庭用电量增加约 0.355%。由于后期建成住宅面积相对较大，因此可以推断，只有当住宅面积增加到一定程度之后，其对能耗的影响才会显著。

结论三：就宁波市而言，人口密度、土地混合利用程度、道路交叉口密度、与工作地点的距离和服务设施邻近度可以对交通出行能耗产生不同程度的影响。从建成环境对交通出行能耗影响的特征来看，以通勤为目的的出行能耗更容易受到建成环境的影响，开车等高能耗方式的出行能耗对建成环境的敏感性相对较高。

现有研究关于建成环境对交通出行能耗影响的结论模糊，且研究大多局限于扁平化程度较高的欧美城市，我国城市建成环境特征与国外城市具有明显的区别，目前还不清楚国外研究结果是否适用于我国城市。鉴于此，本书以宁波市为例，按照由一般到特殊的思路，分别构建了交通总出行、不同出行目的和不同出行方式的能耗分析模型，试图从多个维度揭示建成环境对交通出行能耗的影响。基于各模型的分析结果发现，人口密度、土地混合利用程度、道路交叉口密度、与工作地点距离和服务设施邻近度五个变量，在不同层面可以通过改变居民的出行行为，进而对交通出行能耗产生不同程度的影响。与国外研究结果相比，土地混合利用程度对宁波市交通出行能耗的影响程度相对较大，而道路交叉口密度对欧美国家城市交通出行能耗影响程度相对较大。

总体上看，人口密度、土地混合利用程度、与工作地点的距离对交通出行能耗有显著影响，若分别以不同出行目的和不同出行方式为基础建模，人口密度、土地混合利用程度、与工作地点的距离均对非通勤出行能耗无显著影响。量化结果显示：当人口密度增加1%时，通勤出行、开车等高能耗方式出行和坐公交等低能耗方式出行能耗分别减少约0.115%、0.273%、0.124%；当土地混合利用程度增加1%时，通勤出行、高能耗方式出行和低能耗方式出行能耗分别减少约0.421%、2.574%、1.197%；当与工作地点的距离增加1%时，通勤出行、高能耗方式出行和低能耗方式出行能耗分别增加约0.440%、0.394%、0.209%。就服务设施邻近度而言，无论是以交通总出行样本为基础建模，还是以不同出行目的和不同出行方式为基础建模，结果显示，其对各种出行均有显著影响。当服务设施邻近度增加1%时，通勤出行、非通勤出行、高能耗方式出行和低能耗方式出行能耗分别减少约0.128%、0.352%、0.491%、0.154%。有趣的是，总体上看，道路交叉口密度对交通出行呈显著负相关影响。但如果以不同出行目的和不同出行方式为基础建模，其对通勤出行能耗呈显著负相关影响，但是对开车等高能耗方式出行能耗呈显著正相关影响，这主要是由于路网密度提高后，会吸引更多人选择驾车出行，行驶车辆的增多造成交通拥堵，使得车辆在怠速状态下增加了出行能耗。当道路交叉口密度增加 1% 时，通勤出行能耗减少约 0.112%，而高能耗方式出行能耗增加约 0.091%。此外，结果显示道路交叉口密度对非通勤和低能耗方式出行能耗无显著影响。

结论四：生活能耗控制导向下的建成环境规划设计引导，应该借助模拟分析方法，提出便于优化室内外微环境的住宅建筑规划布局引导措施，借助比较分析方法，提出有利于提高目的地可达性的土地混合利用引导措施，借助递推演算方法，提出可促进低碳方式出行的道路设计引导措施。

虽然宁波市关于住宅建筑规划布局、土地混合利用和道路设计有部分规划设计规范，但是从降低居民生活能耗角度制定的规范相对较少，仍存在空白和相对滞后。鉴于此，本研究从住宅建筑开发强度、土地混合利用方式和程度、路网密度、主干道交叉口设计等方面提出了规划引导措施。这些措施的提出，一方面是以城市生态学为理论基础，另一方面是建立在本研究量化分析结果的基础上，通过量化分析向规划响应的推导，落脚于量化结果的规划应用。

关于住宅建筑规划布局的引导，本研究以优化室内外微环境为分析视角，借助能耗模拟方法，按照逐步分析相对节能的"户—单元—单栋建筑—空间布局"的思路，确定有利于降低住宅能耗的居住区规划布局。模拟分析结果与量化分析结果基本一致，通过模拟住宅能耗得知，居住区空间布局宜采用板式住宅正南朝向的行列式布局，住宅建筑容积率宜控制在 2.6 ~ 2.8 之间，住宅建筑密度宜控制在 17% ~ 21% 之间。关于土地混合利用的引导，研究以提高目的地可达性为分析视角，认为应该加强居住、商业和办公功能的混合程度，通过比较不同的方案，主要在社区和街区层面提出了各类用地的混合方式和比例。社区层面不同性质用地在空间上应表现为水平方向上的混合，居住区内居住用地宜控制在 60% ~ 70% 之间，办公用地宜控制在 15% ~ 20% 之间，商业用地宜控制在 10% ~ 15% 之间，配套服务用地宜控制在 5% ~ 10% 之间；商业区内商业用地宜控制在 40% ~ 60%

之间，商务用地宜控制在 20% ~ 40% 之间，娱乐康体用地、居住用地和办公用地均宜控制在 5% ~ 10% 之间。街区层面不同性质用地在空间上既要实现水平方向上的混合，又要考虑垂直方向上的混合，居住类街区容积率为 2.8 左右时，建议在居住用地沿街混合不大于 10% 的商业建筑；商业类街区建议在商业用地中混合 20% ~ 40% 具有居住功能的建筑。关于道路设计的引导，本研究以促进低碳方式出行为分析视角，通过递推演算的方法，提出了与居住区和商业区相适宜的路网密度和道路交叉口密度。从方便居民使用公交和步行出行角度出发，居住区路网密度宜控制在 10 km /km² 左右，道路交叉口密度约为 35 个 /km²；商业区路网密度宜控制在 10 ~ 12 km /km² 之间，道路交叉口密度为 36 ~ 49 个 /km²。此外，从提升道路通行能力角度出发，本研究认为主干道交叉口拓宽时，展宽渐变段长度宜控制在 60m，进口道展宽段长度宜控制在 60 ~ 90m 之间，出口道展宽段长度宜控制在 40 ~ 60m 之间。

参考文献

[1] 杨朝斌. 城市空间结构对城市热环境时空异质性分布影响研究 [D]. 长春：中国科学院大学（中国科学院东北地理与农业生态研究所），2018.

[2] 国家统计局. 中国统计年鉴 [J]. 北京：中国统计出版社，2016.

[3] 国家统计局. 宁波统计年鉴 [J]. 北京：中国统计出版社，2016.

[4] IPCC. IPCC Fifth Assessment Report (AR5) [R]. 2013：10-12.

[5] Ali A M M. The influences of urban forms on residential energy consumption: A demand-side forecasting method for energy scenarios [D]. Charlotte: The University of North Carolina，2012.

[6] Ko，Y. Urban form and residential energy use: A review of design principles and research findings [J]. CPL bibliography. 2013，28(4):327-351.

[7] 秦波，戚斌. 城市形态对家庭建筑碳排放的影响——以北京为例 [J]. 国际城市规划. 2013(2):42-46.

[8] 国家统计局. 中国能源统计年鉴 [J]. 北京：中国统计出版社，2018.

[9] 柴彦威，塔娜. 中国时空间行为研究进展 [J]. 地理科学进展，2013，32(9):1362-1373.

[10] Cervero，Robert，Kara Kockelman. Travel demand and the 3Ds: Density，diversity，and design [J]. Transportation Research Part D: Transport and Environment 1997，2(3): 199-219.

[11] Handy S L，Boarnet M G，Ewing R，et al. How the built environment affects physical activity: Views from urban planning [J]. American Journal of Preventive Medicine，2002，23(2):64-73.

[12] Ewing R，Rong F. The impact of urban form on US residential energy use [J]. Housing policy debate. 2008，19(1): 1-30.

[13] Liu C，Shen Q. An empirical analysis of the influence of urban form on household travel and energy consumption [J]. Computers Environment & Urban Systems，2011，35(5):347-357.

[14] Reid Ewing，Robert Cervero. Travel and the Built Environment [J]. Journal of the American Planning Association，2010，76(3):265-294.

[15] 秦翊. 中国居民生活能源消费研究 [D]. 太原：山西财经大学，2013.

[16] 张亭亭. 中国居民生活消费的碳排放影响因素分解及实证分析 [D]. 天津：天津财经大学，2013.

[17] 柴彦威. 城市空间 [M]. 北京：科学出版社，2000.

[18] HAGERSTRAND T. What about people in regional science? [J]. Papers and proceedings of the regional science association，1970 (24):7-21.

[19] 柴彦威 . 中日城市结构比较研究 [M] . 北京 : 北京大学出版社， 1999 .

[20] PRED A.， Urbanization， domestic planning problems and Swedish geographical research [A].In: Board C et al. eds. Progress in geography， Vol.5[C] .London: Edward Arnold， 1973： 1-76.

[21] CARLSTEIN T.， PARKS D， THRIFT N.， Timing space and spacing time[A]. Vol. 2: Human activity and time geography [M]， London: Edward Arnold， 1978.

[22] HAGERSTRAND T.， What about people in regional science? [J]. Papers and proceedings of the regional science association， 1970 (24):7-21.

[23] LENNTORP B.， A time-geographic simulation model of individual activity programs [A]. In: Carlstein T et al. eds. Timing space and spacing time， Vol. 2: Human activity and time geography [C]， London: Edward Arnold， 1978： 162 -180.

[24] JONES P M.， The practical application of activity-based approach in transport planning: an assessment [M]. In: Carpenter S. and Jones P M. eds. Recent advances in travel demand analysis [M]. Gower， 1983： 56 -78.

[25] [日] 荒井良雄，冈本耕平，神谷浩夫等 . 都市的空间与时间 - 生活活动的时间地理学 [M]. 东京 : 古今书院， 1996.

[26] 刘丽艳 . 计量经济学涵义及其性质研究 [D]. 大连： 东北财经大学，2012.

[27] Gujarati， Damodar N.， Basic Econometrics [M]. Introduction， Section3， Methodology of Econometrics， second edition. New York: McGraw Hill， 1988. pp5.

[28] 李子奈 . 计量经济学应用研究的总体回归模型设定 [J]. 经济研究，2008(8):136-144.

[29] 李子奈，齐良书 . 计量经济学模型的功能与局限 [J]. 数量经济技术经济研究，2010，27(9):133-146.

[30] 洪永淼 . 计量经济学的地位、作用和局限 [J]. 经济研究，2007(5):139-153.

[31] 刘贵利 . 城市生态规划的理论与方法第二版 [M]. 南京 : 东南大学出版社，2002，1-201.

[32] 吴人坚，王祥荣，戴流芳 . 生态城市建设的原理与途径 [M]. 上海 : 复旦大学出版社，2000，1-17.

[33] 鲁敏，张月华，胡彦成等 . 城市生态学与城市生态环境研究进展 [J]. 沈阳农业大学学报，2002(1):76-81.

[34] 阎水玉 . 城市生态学学科定义、研究内容、研究方法的分析与探索 [J]. 生态科学，2001(Z1):96-105.

[35] Holling， S C. Resilience and Stability of Ecological Systems [J]. Annual Review of Ecology and Systematics， 1973， 4(1):1-23.

[36] 李琳 . 紧凑城市中"紧凑"概念释义 [J]. 城市规划学刊，2008(3):41-45.

[37] 耿宏兵 . 紧凑但不拥挤——对紧凑城市理论在我国应用的思考 [J]. 城市规划，2008(6):48-54.

[38] 陈秉钊. 城市，紧凑而生态 [J]. 城市规划学刊，2008(3):28-31.

[39] 唐相龙."精明增长"研究综述 [J]. 城市问题，2009(8):98-102.

[40] Kaza N. Understanding the spectrum of residential energy consumption: a quantile regression approach [J]. Energy policy. 2010，38(11):6574-6585.

[41] Ko，Y，Radke JD. The effect of urban form and residential cooling energy use in Sacramento，California [J]. Environment and planning B: Planning and Design. 2014，41(4):573-593.

[42] Donovan，GH.，Butry DT. The Value of Shade: Estimating the Effect of Urban Trees on Summertime Electricity Use [J]. Energy and Buildings 2009，41 (6): 662‐68.

[43] 闫成文，姚健，周燕等. 夏热冬冷地区外墙构造对住宅能耗的影响 [J]. 新型建筑材料，2006(12):55-57.

[44] 董海广，许淑惠. 北京地区窗墙比和遮阳对住宅建筑能耗的影响 [J]. 建筑节能，2010，38(9):66-69.

[45] 邸芃，李敬敏. 夏热冬冷地区近零能耗住宅节能技术研究 [J]. 四川建筑科学研究，2017，43(5):133-138.

[46] Littlefair P. Passive solar urban design: ensuring the penetration of solar energy into the city [J]. Renewable and Sustainable Energy Reviews. 1998，2(3):303-326.

[47] Ali-Toudert F，Mayer H. Numerical study on the effects of aspect ratio and orientation of an urban street canyon on outdoor thermal comfort in hot and dry climate [J]. Building and environment. 2006，41(2):94-108.

[48] Golany GS. Urban design morphology and thermal performance [J]. Atmospheric Environment. 1996，30(3):455-465.

[49] Aggarwal R. Energy Design Strategies for City-centers: An Evaluation [C]. 23rd Conference on Passive and Low Energy Architecture，Geneva，Switzerland，2006(9):6-8.

[50] Hough. Cities and Natural Process [M]. London，England: Routledge. 1995.

[51] 陈天骁. 基于用电能耗分析的绥化市住区规划策略研究 [D]. 哈尔滨: 哈尔滨工业大学，2016.

[52] Cheng，Vicky，Koen Steemers，Marylene Montavon，Compagnon. Urban form，Density and Solar Potential [C]. 23rd Conference on Passive and Low Energy Architecture，Geneva，Switzerland，2006(9):6-8.

[53] Ko，Y. Urban form and residential energy use: A review of design principles and research findings [J]. CPL bibliography. 2013，28(4):327-351.

[54] Ko, Y., et al. Long-term monitoring of Sacramento Shade program trees: Tree survival, growth and energy-saving performance [J]. Landscape and Urban Planning. 2015(143):183-191.

[55] Akbari H, Kurn DM, Bretz SE, Hanford JW. Peak power and cooling energy savings of shade trees [J]. Energy and buildings, 1997, 25(2):139-148.

[56] Huang, Joe, Hashem Akbari, Haider Taha, and Arthur H. Rosenfeld. The Potential of Vegetation in Reducing Summer Cooling Loads in Residential Buildings [J]. Journal of Applied Meteorology. 1987, 26 (9): 1103 - 16.

[57] McPherson, Gregory E., Rowan A. Rowntree. Energy Conservation Potential of Urban Tree Planting [J]. Journal of Arboriculture.1993, 19:321 - 21.

[58] DeWalle DR, Heisler GM. Windbreak effects on air infiltration and space heating in a mobile home [J]. Energy and buildings. 1983, 5(4):279-288.

[59] DeWalle DR, Heisler GM, Jacobs RE. Forest home sites influence heating and cooling energy [J]. Journal of Forestry. 1983, 81(2):84-88.

[60] Rosenfeld AH, Akbari H, Romm JJ, Pomerantz M. Cool communities: strategies for heat island mitigation and smog reduction [J]. Energy and Buildings. 1998, 28(1):51-62.

[61] Akbari H, Pomerantz M, Taha H. Cool surfaces and shade trees to reduce energy use and improve air quality in urban areas [J]. Solar energy. 2001, 70(3):295-310.

[62] Cao M, Rosado P, Lin Z, et al. Cool Roofs in Guangzhou, China: Outdoor Air Temperature Reductions During Heat Waves and Typical Summer Conditions [J]. Environmental Science & Technology, 2015, 49(24):14672.

[63] Roth M, Oke T, Emery W. Satellite-derived urban heat islands from three coastal cities and the utilization of such data in urban climatology [J]. International Journal of Remote Sensing. 1989, 10(11):1699-1720.

[64] Stone B, Norman JM. Land use planning and surface heat island formation: A parcel-based radiation flux approach [J]. Atmospheric Environment. 2006, 40(19):3561-3573.

[65] Pitt D. Evaluating the greenhouse gas reduction benefits of compact housing development [J]. Journal of environmental planning and management. 2013, 56(4):588-606.

[66] Krishan, A., Nick Baker, Simos Yannas, and Steve Szokolay. Climate Responsive Architecture: A Design Handbook for Energy Efficient Buildings [M]. New Delhi, India: Tata McGraw-Hill. 2001.

[67] Newman P W G. Gasoline consumption and cities: a comparison of U.S. cities with a global survey [J]. Journal of American Planning Association，1989，55(1):24-37.

[68] Frank L D，Pivo G. Relationships Between Land Use and Travel Behavior in the Puget Sound Region [J]. Single Occupant Vehicles，1994，86(10):1361-1362.

[69] Holden，E. and I. T. Norland. A Study of Households' Consumption of Energy in the Dwellings and for Heaing in Greater Oslo [D]. Oslo: University of Oslo. 2004.

[70] 郭洪旭，黄莹，赵黛青等.中国典型城市空间形态对居民出行能耗的影响 [J]. 城市发展研究 . 2016，23(3):95-100.

[71] 姚宇 . 建成环境对城市居民出行及碳排放影响研究 [D]. 哈尔滨：哈尔滨工业大学 . 2015.

[72] Giles-Corti B，Donovan R J. Relative influences of individual，social environmental，and physical environmental correlates of walking [J]. American Journal of Public Health，2003，93(9):1583-1589.

[73] Mcconville M E，Rodríguez D A，Clifton K，et al. Disaggregate land uses and walking. [J]. American Journal of Preventive Medicine，2014，40(1):25-32.

[74] Munshi T. Built form，travel behaviour and low carbon development in Ahmedabad，INDIA [J]. 2013.

[75] Loutzenheiser D. Pedestrian Access to Transit: Model of Walk Trips and Their Design and Urban Form Determinants Around Bay Area Rapid Transit Stations [J]. Transportation Research Record Journal of the Transportation Research Board，1997，1604(1):40-49.

[76] Litman，T. Land Use Impacts on Transport: How Land Use Factors Affect Travel Behavior [D]. Victoria Transport Policy Institute. 2013.

[77] Larco N. Overlooked Density: Re-Thinking Transportation Options in Suburbia [J]. Land Use Planning，2009.

[78] 杨阳 . 济南市住区建成环境与家庭出行能耗关系的量化研究 [D]. 北京：清华大学，2013.

[79] Ewing R，Deanna M，Li S C. Land Use Impacts on Trip Generation Rates [J]. Transportation Research Record，1996，1518(1):1-6.

[80] 柴彦威，肖作鹏，刘志林 . 居民家庭日常出行碳排放的发生机制与调控策略——以北京市为例 [J]. 地理研究 . 2012，31(2):334-344.

[81] Farthing，S.，Winter，J.，Coombes，T. Travel behaviour and local accessibility to services and facilities [J]. The compact city. A sustainable urban form. London. 1997 期，181-189.

[82] Susan Handy，Gil Tal，Marlon G. Boarnet. Draft Policy Brief on the Impacts of Bicycling Strategies Based on a Review of the Empirical Literature，for Research on Impacts of Transportation and Land Use-Related Policies [D]. California Air Resources Board. 2010.

[83] Suzuki H，Cervero R，Iuchi K. Transforming Cities with Transit: Transit and Land-Use Integration for Sustainable Urban Development [J]. World Bank Publications，2013.

[84] 陈丽昌. 社区公交可达性对居民活动—出行决策的影响研究 [D]. 昆明：昆明理工大学，2014.

[85] Cervero，R. Transit-based housing in California: evidence on ridership impacts [J]. Transport Policy. 1994，1(3):174-183.

[86] 武进，马清亮. 城市边缘区空间结构演化的机制分析 [J]. 城市规划，1990(2):38-42+64.

[87] 林炳耀. 城市空间形态的计量方法及其评价 [J]. 城市规划汇刊，1998(3):42-45+65.

[88] 秦波，田卉. 社区空间形态类型与居民碳排放——基于北京的问卷调查 [J]. 城市发展研究，2014，21(6):15-20.

[89] Lee S，Lee B. The influence of urban form on GHG emissions in the U.S. household sector [J]. Energy Policy，2014，68(2):534-549.

[90] Tso GK，Guan J. A multilevel regression approach to understand effects of environment indicators and household features on residential energy consumption [J]. Energy. 2014(66):722-731.

[91] Dyck D V，Ccrin E，Conway T L. Perceived neighborhood environmental attributes associated with adults' leisure-time physical activity: Findings from Belgium，Australia and the USA [J]. Health Place，2013，(19): 59-68.

[92] Alfonzo MA. To walk or not to walk? The hierarchy of walking needs [J]. Environment Behavior，2005，(37): 808-833.

[93] Banister，D.，Watson，S.，Wood，C. Sustainable cities: Transport，energy，and urban form [J]. Environment and Planning. 1997，24(1):125-143.

[94] Mindali O，Raveh A，Salomon I. Urban density and energy consumption: a new look at old statistics [J]. Transportation Research Part A. 2004，38(2):143-162.

[95] Holden E，Norland IT. Three challenges for the compact city as a sustainable urban form: household consumption of energy and transport in eight residential areas in the greater Oslo

region [J]. Urban studies. 2005，42(12):2145-2166.

[96] Permana A S，Perera R，Kumar S. Understanding energy consumption pattern of households in different urban development forms: A comparative study in Bandung City，Indonesia [J]. Energy Policy. 2008，36(11):4287-4297.

[97] 姜洋，何东全，ZEGRAS Christopher. 城市街区形态对居民出行能耗的影响研究 [J]. 城市交通 . 2011，9(4)：21-29 + 75.

[98] Dhakal S. Urban energy use and carbon emissions from cities in China and policy implications [J]. Energy Policy. 2009，37(11):4208-4219.

[99] Mitchell G，Namdeo A. SMARTNET: a system for multi-criteria modelling and appraisal of road transport networks [C]. A Toolkit for Evaluating the Sustainability of Urban Development. 2008，pp103-132.

[100] Heiple，Shem，David J. Sailor. Using Building Energy Simulation and Geospatial Modeling Techniques to Determine High Resolution Building Sector Energy Consumption Profiles [J]. Energy and Buildings. 2008，40 (8).

[101] McPherson EG，Herrington LP，Heisler GM. Impacts of vegetation on residential heating and cooling [J]. Energy and Buildings. 1988，12(1):41-51.

[102] Steemers，K. Energy and the city: density，buildings and transport[J]. Energy and buildings. 2003，35(1):3-14.

[103] Ratti C，Baker N，Steemers K. Energy consumption and urban texture [J]. Energy and buildings. 2005，37(7):762-776.

[104] Paradis M，Faucher G，Nguyen D. Street orientation and energy consumption in residences [J]. ASHRAE Trans (United States). 1983，89(1A).

[105] Akbari，H. and H. Taha. The impact of trees and white surfaces on residential heating and cooling energy use in four Canadian cities [J]. Energy. 1992，17(2):141-149.

[106] Kulash，W. M. Traditional neighborhood development: Will traffic work? [C]. Paper presented at the Eleventh International Pedestrian Conference，Bellevue，WA. 1990.

[107] Jensen，R.R.，J.R. Boulton，and B.T. Harper. The relationship between urban leaf area and household energy usage in Terre Haute，Indiana，US [J]. Journal of Arboriculture. 2003，29(4):226-230.

[108] Hirst. The ORNL Residential Use Model[C]. 1978.

[109] Clark KE，Berry D. House characteristics and the effectiveness of energy conservation measures [J]. Journal of the American Planning Association. 1995，61(3):386-395.

[110] Donovan GH，Butry DT. The value of shade: Estimating the effect of urban trees on summertime electricity use [J]. Energy and Buildings. 2009，41(6):662-668.

[111] Holtzclaw，John. Using residential patterns and transit to decrease auto dependence and costs [S]. Unpublished report，Natural Resources Defense Council. 1994.

[112] 李子奈，齐良书 . 关于计量经济学模型方法的思考 [J]. 中国社会科学，2010(2):69-83，221-222.

[113] Serge Salat. Analysis of three urban textures in Paris [S]. Unpublished report. 2009.

[114] Peter Gordon，Harry W. Richardson. Gasoline Consumption and Cities: A Reply [J]. Journal of the American Planning Association. 1989，55(3):342-345.

[115] Su Q. The effect of population density，road network density，and congestion on household gasoline consumption in U.S. urban areas [J]. Energy Economics. 2011，33(3):445-452.

[116] Mokhtarian P L，Cao X. Examining the impacts of residential self-selection on travel behavior: A focus on methodologies [J]. Transportation Research Part B Methodological. 2008，42(3):204-228.

[117] Paul van de Coevering，Kees Maat，Bert van Wee. Residential self-selection，reverse causality and residential dissonance. A latent class transition model of interactions between the built environment，travel attitudes and travel behavior [J]. Transportation Research Part A，2018，118.

[118] Abrahamse，W., Steg，L., Vlek，C., Rothengatter，T. A review of intervention studies aimed at household energy conservation [J]. J. Environ. Psychol. 2005，25(3)，273‐291.

[119] 陈正江，蒲西安 . 多元线性回归分析与逐步回归分析的比较研究 [J]. 牡丹江教育学院学报，2016(5):131-133.

[120] 宁波市规划局 . 宁波能源利用报告 [R].2010-2016.

[121] 张勇 . 样本量并非"多多益善"——谈抽样调查中科学确定样本量 [J]. 中国统计 . 2008(5):45-47.

[122] Silva，M., V. Oliveira，and V. Leal. Urban Form and Energy Demand [J]. Journal of Planning Literature，2017，10:1177.

[123] Tianren Yang，Xiaoling Zhang. Benchmarking the building energy consumption and solar energy trade-offs of residential neighborhoods on Chongming Eco-Island，China [J]. Applied Energy，2016，180.

[124] Quan，S. J. and P. P. Yang. Computing Energy Performance of Building Density，Shape and Typology in Urban Context [J]. Energy Procedia，2014，61: 1602‑1605.

[125] Wilson B. Urban form and residential electricity consumption: Evidence from Illinois，USA [J]. Landscape & Urban Planning. 2013，115(7):62-71.

[126] Wiedenhofer D, Lenzen M, Steinberger J K. Energy requirements of consumption: Urban form, climatic and socio-economic factors, rebounds and their policy implications [J]. Energy Policy, 2013, 63(4):696-707.

[127] Min J，Hausfather Z，Lin QF. A High‑Resolution Statistical Model of Residential Energy End Use Characteristics for the United States [J]. Journal of Industrial Ecology. 2010，14(5):791-807.

[128] Wang K. How Does Built Environment Affect Cycling? Evidence From The Whole California 2010-2012 [D]. Dissertations & Theses‑Gradworks，2015.

[129] 但波. 城市建成环境对居民通勤行为的影响 [D]. 上海：华东师范大学. 2016.

[130] SR Gehrke. Land Use Mix and Pedestrian Travel Behavior: Advancements in Conceptualization and Measurement [D]. Dissertations & Theses‑Gradworks，2017.

[131] G Tian. Travel and Built Environment: Evidence From 23 Diverse Regions of the United States [D]. Dissertations & Theses‑Gradworks，2017.

[132] Bin (Brenda) Zhou，Kockelman K M，Murray W J，et al. Self-selection in home choice: use of treatment effects in evaluating relationship between built environment and travel behavior [J]. Transportation Research Record Journal of the Transportation Research Board. 2008，(2077):54-61.

[133] Lee J C. The Effects of Urban Form on Vehicle Emissions‑Focusing On Urban Form Factors and Three Conventional Air Pollutions and Carbon Dioxide [D]. Dissertations & Theses‑Gradworks，2012.

[134] Rajamani J, Bhat C R, Handy S, et al. Assessing Impact of Urban Form Measures on Nonwork Trip Mode Choice After Controlling for Demographic and Level-of-Service Effects [J]. Transportation Research Record Journal of the Transportation Research Board. 2003, 1831(1).

[135] Peng Z R. The Jobs-Housing Balance and Urban Commuting [J]. Urban Studies. 1997, 34(8):1215-1235.

[136] Du J, Wang Q. Exploring Reciprocal Influence between Individual Shopping Travel and Urban Form: Agent-Based Modeling Approach [J]. Journal of Urban Planning & Development. 2011, 137(4):390-401.

[137] Ma J, Liu Z, Chai Y. The impact of urban form on CO_2, emission from work and non-work trips: The case of Beijing, China [J]. Habitat International. 2015, 47:1-10.

[138] 王璐. 西安市公共交通可达性对居民出行行为的影响差异 [D]. 西安：陕西师范大学，2016.

[139] A Nasri. The influence of urban form at different geographical scales in travel hebavior; evidence from U.S. cities [D]. Dissertations & Theses - Gradworks，2016.

[140] G Tian. Travel and Built Environment: Evidence From 23 Diverse Regions of the United States [D]. Dissertations & Theses - Gradworks, 2017.

[141] 刘洋. 居住建筑能耗动态模拟研究与能耗计算软件的开发 [D]. 天津：天津大学，2004.

[142] Atash F. Redesigning Suburbia for Walking and Transit: Emerging Concepts[C]. Urban Planning and Development. 1994 (1):48-57.

[143] 王思元，胡嘉诚. 生态城市的规划实施和启示以美国波特兰为例 [J]. 风景园林,2016(5):27-34.

[144] 殷秀梅，周尚意，唐顺英，付晏. 影响纽约曼哈顿商住混合度变化的因素分析[J]. 现代城市研究, 2013,28(8):74-79.

[145] 韩胜风，陈小鸿. 我国大城市道路红线宽度研究 [J]. 同济大学学报 (自然科学版),2006(7):909-912+932.

[146] 潘海啸，沈青，张明. 城市形态对居民出行的影响——上海实例研究 [J]. 城市交通 ,2009,7(6):28-32+49.

[147] 蔡军. 关于城市道路合理间距理论推导的讨论 [J]. 城市交通 ,2006(1):55-59.

[148] 魏德辉，谌丽，杨翌朝. 美国波特兰的宜居城市建设经验及启示 [J]. 国际城市规划 ,2016,31(5):20-25.

[149] 王冰茹，金山，赵晶心. 从"窄马路、密路网"到街道空间设计——基于近期规划管理工作实践的总结与思考 [J]. 交通与港航 ,2018,5(4):33-40.

后记

　　城市日常运转是一个庞大的系统，这就导致建成环境对居民生活能耗的影响亦具有复杂性。虽然本研究在一定程度上揭示了建成环境与生活能耗间的关系，但在研究过程中难免还存在着一些局限性等待着未来研究去优化和完善。

　　在计算交通出行能耗时，本研究只是利用交通小区中心点之间的直线距离来表征其出行距离，其精确性还有待提高，未来研究应该建立交通出行轨迹数据库，方便精准获取居民的出行线路，交通能耗的估算也应该统筹考虑汽车排量等因素，不能统一对某一类交通出行工具无差别地使用相同的能源强度因子。另外，本研究构建的分析模式虽然已经选取了初步完整的生活能耗影响变量，但未能将全部影响生活能耗的变量导入分析模型，如气候条件等，这主要是因为研究对象仅有宁波一个城市，部分影响因素在各样本社区均相同，未来研究可以尝试同时分析多个城市，从而可以全面比较气候差异等因素对住宅能耗的影响。

　　本书的研究得到了"2021年度河北省社会科学发展研究课题"（课题编号：20210201407）、"世界银行全球环境基金项目"（课题编号：P130786）以及河北工程大学博士科研基金项目的资助。

　　此外，本书在编写、出版过程中，得到了许多师长、同仁和编辑的帮助，他们为本书的完成提供了很多有益的观点和建议，特此一并致谢！

吴巍